贵州沉积层控矿床研究新进展（Ⅵ）

# 扬子区寒武系底部含磷岩系沉积及元素地球化学特征

陈吉艳　杨瑞东　张　杰　著

科学出版社

北　京

# 内 容 简 介

　　本书是关于扬子区寒武系底部含磷岩系的基础理论研究著作,以云南白龙潭,贵州织金、金沙、清镇、习水、遵义、开阳、镇远、天柱、铜仁,江西上饶,浙江江山,江苏南京等地寒武系底部含磷岩系为研究对象,采用沉积学、地球化学及同步辐射 XAFS 等实验方法和手段,探讨该区含磷岩系的沉积及环境特征,并构建了沉积模式图;以各相带元素地球化学特征为基础,在洋流上升背景下,分析了深海-浅海区常量、稀土、微量元素的分布特征,以及与成磷密切相关的 $P_2O_5$、CaO、$SiO_2$、REE、V、Mo、Ni、Cu、Pb、Zn、Ba 等在各环境的分异性;查明了贵州织金磷矿床中 Y 的赋存状态。本书图文并茂,有利于总结区域成矿规律。
　　本书可供从事沉积岩及沉积矿床等相关领域研究的科研人员及相关专业师生参考。

**图书在版编目(CIP)数据**

扬子区寒武系底部含磷岩系沉积及元素地球化学特征/陈吉艳,杨瑞东,张杰著. — 北京:科学出版社,2019.10
　ISBN 978-7-03-057302-5

　Ⅰ.①扬… Ⅱ.①陈… ②杨… ③张… Ⅲ.①寒武纪-扬子板块-磷块岩-沉积地球化学-沉积特征-研究 Ⅳ. P541

中国版本图书馆 CIP 数据核字(2018)第 092132 号

责任编辑:李小锐 / 责任校对:彭　映
责任印制:罗　科 / 封面设计:墨创文化

**科学出版社** 出版
北京东黄城根北街16号
邮政编码:100717
http://www.sciencep.com

**成都锦瑞印刷有限责任公司印刷**
科学出版社发行　各地新华书店经销
\*

2019 年 10 月第　一　版　　　开本:B5(720×1000)
2019 年 10 月第一次印刷　　　印张:7 1/4
字数:200 000
定价:98.00 元
(如有印装质量问题,我社负责调换)

# 前　　言

我国磷矿资源非常丰富，其中以沉积型磷块岩最为重要。按世界已经探明的储量计算，海相磷块岩约占 85%，岩浆岩型和变质岩型磷灰石矿占 14.6%，鸟粪磷块岩及其他类型的磷矿仅占0.4%左右。国内外研究者已对磷矿进行大量的研究，纵观已有的文献资料报道，对磷块岩成因研究资料居多，尽管如此，磷块岩成因仍存在一定的争议，且国外关于磷矿在区域上的研究报道较少，研究者对某一矿点的元素地球化学特征和沉积特征研究较多。国内开展磷矿在区域上沉积环境变化规律的研究，并且取得了较丰硕的成果，揭示了中国磷矿床在各时代和各主要成矿区域上的大致沉积特征及规模。但是，对某一层位大区域上磷矿的横向对比研究报道较少。

本书受贵州大学博士后流动站建设基金项目［黔科合博士站(2015)4003］、国家自然科学基金地区基金(41862002)、贵州省科技计划项目(黔科合平台人才〔2018〕5781 号)、国家自然科学基金地区基金(50164001)、国家自然科学基金地区基金(51164004)、科技部国家科技支撑计划重点项目(2007BAB08B03)、国家自然科学基金(U1812402)、贵州省科技厅项目(黔科合平台人才〔2018〕5613)、贵州省科学技术基金(黔科合 J 字〔2014〕2075 号)及贵州大学引进人才基金［贵大人基合字(2013)15 号］共同资助，在综合国内外磷块岩成因、磷块岩中元素地球化学特征及贵州织金新华含稀土磷矿床中稀土元素赋存状态研究进展的基础上，以扬子区寒武系底部含磷岩系——云南白龙潭，贵州织金、金沙、清镇、习水、遵义、开阳、镇远、天柱、铜仁，江西上饶，浙江江山，江苏南京等地含磷岩系为研究对象，采用岩相学、沉积学、元素地球化学及同步辐射 XAFS 实验技术等方法和手段，探讨扬子区寒武系底部含磷岩系的沉积特征，并构建了沉积模式图；以各相带元素地球化学分布特征为基础，分析磷质物质从深海区到浅海区 $P_2O_5$ 的变化规律，微量元素和稀土元素的分布情况，了解在洋流上升的背景下元素的分异过程，特别是与含磷层密切相关的 $P_2O_5$、$CaO$、$SiO_2$、$REE$、$V$、$Mo$、$Ni$、$Cu$、$Pb$、$Zn$、$Ba$ 等常量、稀土及微量元素在洋流上升过程中的地球化学特征；同时，从元素分异性阐明寒武系含磷岩系属于洋流上升成因问题；重点对贵州境内不同环境(深海、陆棚、浅海滨岸、潟湖环境)中含磷岩系的微量、稀土元素的组成进行研究，确定不同环境下沉积的磷块岩(磷结核)中稀土、微量元素组成，确定有利的稀土富集成磷环境，分析磷块岩中稀土富集规律；查明在贵州织金磷矿中含量较高的稀土元素 Y 的赋存状态，为分离提取贵州织金磷矿中稀土元素提

i

供依据。

值本书完成之际，谨向曾给予我指导和帮助的领导、老师、同学、同事和家人致以最衷心的感谢！

首先，感谢贵州大学资源与环境工程学院院长吴攀教授的热心帮助，吴院长对本书的出版给予了热忱的关怀，这些帮助和关怀将会化作我奋进的力量，时刻鞭策和鼓舞我在学术道路上取得新的进步；其次，感谢贵州大学资源与环境工程学院滕召华书记、周丕康副院长、刘方副院长对本书出版的大力支持；最后，感谢章艳丽、王子江、胡静、郑黎荣老师在测试和稀土赋存状态研究工作等方面给予的帮助。

谨以本书献给所有帮助过我的领导、老师、同学、朋友和亲人，祝他们幸福、平安、成功！

作者
2019 年 10 月

# 目　　录

# 第1章 绪 论

## 1.1 我国磷矿资源分布

我国磷矿资源非常丰富，其中以沉积型磷块岩最为重要。按世界已经探明的储量计算，海相磷块岩约占 85%，岩浆岩型和变质岩型磷灰石矿占 14.6%，鸟粪磷块岩及其他类型的磷矿仅占 0.4%左右(叶连俊等，1989)。

我国磷块岩的成矿时代很多，其中最重要的工业矿床的成矿时代是震旦纪、寒武纪和泥盆纪。据初步统计，在沉积磷块岩的总储量中，震旦纪磷矿占 51%，寒武纪磷矿占 44%，泥盆纪磷矿占 4.9%，其他时代磷矿仅占 0.1%。

我国已探明磷矿资源分布在 27 个省(自治区、直辖市)，湖北、湖南、四川、贵州和云南是磷矿的主要富集区，这 5 个省份磷矿已查明的资源储量(矿石量)为 135 亿 t，占全国总储量的 76.7%，按矿区矿石平均品位计算，这五个省份的磷矿资源储量($P_2O_5$) 为 28.66 亿 t，占全国的 90.4%。各省拥有的磷矿资源储量按 $P_2O_5$ 量排列，云南省磷矿列全国第一，矿石量 40.2 亿 t，$P_2O_5$ 量 8.94 亿 t，平均品位 22.2%；湖北位居第二，矿石量 30.4 亿 t，$P_2O_5$ 量 6.8 亿 t，平均品位 22.4%；贵州列第三，矿石量约 27.8 亿 t，$P_2O_5$ 量 6.2 亿 t，平均品位 22.3%；四川列第四，矿石量约 16 亿 t，$P_2O_5$ 量 3.5 亿 t，平均品位 21.9%；湖南列第五，矿石量 20 亿 t，$P_2O_5$ 量 3.25 亿 t，平均品位 16.3%(尹丽文，2009)。

西南地区云南、贵州和四川三省磷矿资源储量矿石量 85 亿 t，$P_2O_5$ 量为 18.6 亿 t，平均品位 22%。中部地区河南、湖北、湖南、广东、广西和海南六省(自治区)磷矿资源储量矿石量为 52 亿 t，$P_2O_5$ 量为 10.2 亿 t，平均品位 19.6%。华东地区江苏、浙江、安徽、福建、江西和山东六省磷矿资源储量矿石量为 9.6 亿 t，$P_2O_5$ 量为 0.9 亿 t，平均品位 9.4%。西北地区陕西、甘肃、青海、宁夏和新疆五省(自治区)磷矿已查明资源储量的矿石量为 13 亿 t，$P_2O_5$ 量为 0.88 亿 t，平均品位 6.8%。东北地区辽宁、吉林、黑龙江和华北地区河北、内蒙古和山西六省(自治区)磷矿资源储量矿石量 16.4 亿 t，$P_2O_5$ 量 1 亿 t，平均品位 6.1%(吴祥和等，1999)。

我国Ⅰ级磷矿($P_2O_5 \geqslant 30\%$)资源储量矿石量为 16.57 亿 t(占矿石总量的 9.4%)，$P_2O_5$ 量为 5.3 亿 t(占 $P_2O_5$ 总量的 16.7%)，分别分布在云南、贵州、湖北、四川、新疆、江苏和浙江七个省(自治区)，其中 95.5%以上(以 $P_2O_5$ 量计)分布在云南、贵州、湖北。云南省Ⅰ级磷矿资源储量矿石量为 7.28 亿 t，含 $P_2O_5$ 量 2.19 亿 t，会泽县梨树坪磷矿区是特大型富磷矿，其资源储量矿石量已超过 7 亿 t，$P_2O_5$

量超过 2 亿 t，矿石 $P_2O_5$ 平均含量达 30%；贵州省Ⅰ级磷矿资源储量矿石量 3.67 亿 t，含 $P_2O_5$ 量 1.26 亿 t，主要分布在开阳磷矿洋水矿区；湖北省Ⅰ级磷矿资源储量矿石量 4.89 亿 t，含 $P_2O_5$ 量 1.61 亿 t，其富磷矿区域主要分布在宜昌杉树垭磷矿和挑水河磷矿（叶连俊等，1989）。

Ⅱ级磷矿（$P_2O_5$ 含量为 25%~30%）资源储量矿石量 21.2 亿 t（占矿石总量的 12%），$P_2O_5$ 量 5.74 亿 t（占 $P_2O_5$ 总量的 18.1%），分布在云南、贵州、四川、湖北、湖南、甘肃、河北和内蒙古 8 个省（自治区），其中 97%（以 $P_2O_5$ 量计）分布在云南、贵州、四川、湖北。云南省Ⅱ级磷矿资源储量主要分布在晋宁磷矿和昆阳磷矿；贵州Ⅱ级磷矿主要分布在瓮福磷矿白岩矿区和瓮安磷矿高坪矿区；四川Ⅱ级磷矿主要分布在马边县和绵竹地区；湖北Ⅱ级磷矿主要分布在湖北省兴—神磷矿瓦屋矿区、保康磷矿和兴山县树空坪磷矿区。

Ⅲ级磷矿（$P_2O_5$ 含量 12%~25%）资源储量矿石量 105.2 亿 t（占矿石总量 59.6%），$P_2O_5$ 量 19 亿 t（占 $P_2O_5$ 总量的 60%），云南、贵州、四川、湖南、湖北 5 省Ⅲ级磷矿资源储量 $P_2O_5$ 量 17.5 亿 t，占全国Ⅲ级磷矿 $P_2O_5$ 量的 92%，各省最大的矿区分别是：云南省安宁县安宁矿区，资源储量矿石量超过 5 亿 t，$P_2O_5$ 量超过 1 亿 t，平均品位（$P_2O_5$）18.53%；贵州省织金县新华磷矿区，资源量矿石量超过 14 亿 t，$P_2O_5$ 量超过 2.5 亿 t，平均品位（$P_2O_5$）17.22%；四川省马边磷矿老河坝矿区，资源量矿石量超过 2.8 亿 t，$P_2O_5$ 量约 6742 万 t，平均品位（$P_2O_5$）23.5%；湖南省石门县东山峰磷矿，资源储量矿石量超过 14 亿 t，$P_2O_5$ 量超过 2.2 亿 t，平均品位（$P_2O_5$）15.6%；湖北省钟祥市荆襄磷矿，资源储量矿石量超过 8 亿 t，$P_2O_5$ 量约 1.45 亿 t，平均品位（$P_2O_5$）17.9%（叶连俊等，1989）。

我国磷矿品位（$P_2O_5$）小于 12% 的磷矿区有 94 个，资源量矿石量 33.4 亿 t（占矿石总量的 19%），$P_2O_5$ 量 1.68 亿 t（占 $P_2O_5$ 总量的 5.3%），矿区矿石量超过 1 亿 t，并且 $P_2O_5$ 量超过 1000 万 t 的矿区有：云南省玉溪市江川区云岩寺磷矿区、湖北省孝感磷矿黄麦岭矿区、内蒙古达茂旗布龙土磷矿区、陕西省凤县九子沟磷灰石矿区、青海省湟中县上庄磷矿区。我国磷矿矿石类型主要有硅钙（镁）质磷块岩、硅质磷块岩、钙镁质磷块岩及磷灰石。其中硅钙（镁）质磷块岩资源储量约占我国磷矿资源储量的 50%（内部资料）。

## 1.2　国内外对含磷岩系的研究进展

虽然磷只占地壳很小的比重，但它是一种重要的生命元素。因为磷不但参与生物的新陈代谢与植物的光合作用，而且还参与组成生物体所需的各种功能化的结构。磷无稳定的形式，可通过溶液的形式对生态系统提供支持；对于缺乏磷的生态系统[如考爱（Kauai）火山岛]，则靠风力传输含磷物来维持系统正常运转

(Kurtz et al.，2001)。生物将吸收的各种含磷化合物组装成功能化的结构，如磷酸钙矿物具有其有机组织进化状态决定的特殊化学生物和力学性能，有很高的晶格能、低的溶解性等热力学特征(崔福斋，2007)。因此，国内外众多学者对磷矿进行了大量的研究。

在国外，磷矿研究主要体现在以下三个方面：①磷矿沉积环境研究；②磷矿形成的古气候环境研究；③磷矿的元素地球化学研究。其中以研究磷矿的元素地球化学及磷矿的沉积环境居多。对磷矿的形成及沉积环境方面的研究主要有(Patricka et al.，2004；Anouar et al.，2008；Brookfield et al.，2009；Gabriel et al.，2010；Gabriel，2011；Jiang et al.，2011；Zanin et al.，2011；Berndmeyer et al.，2012)：突尼斯萨尔瓦多大学 Anouar 等(2008)通过对突尼斯加夫萨盆地磷矿中稀土元素及 C/O 稳定同位素进行研究，发现磷矿形成于缺氧的沉积环境中；台湾"中央研究院"地球化学研究所 Brookfield 等(2009)通过对厄瓜多尔奥连特(Oriente)盆地纳波地层磷形成的古气候环境进行研究也发现，磷也形成于缺氧的环境中；Shatrov 等(2009)通过对磷块岩中镧系元素的比值进行分析，得出磷矿形成的古气候为半干半湿的气候环境；对磷矿的元素地球化学研究以磷块岩中稀土、微量元素及同位素等方面的研究成果居多(Mazumdar et al.，2001；Gnandi et al.，2003；Shields et al.，2004；Ounis et al.，2008；Yamamoto et al.，2008；Gamal，2010；Scopelliti et al.，2010；Bech et al.，2010；Deb et al.，2010；Javier et al.，2011；Tobias et al.，2011；Baioumy，2011；Garnit et al.，2012)。

在国内，对磷矿的研究取得了较为丰硕的研究成果(蒲心纯等，1992；曾允孚等，1994；陈其英，1995；吴祥和等，1999；Mazumdar et al.，1999；张杰等，2000，2004a，b；Morad et al.，2001；Felitsyn et al.，2002；Steiner et al.，2004；Yang et al.，2004，2005，2008；陈吉艳等，2005；施春华等，2006；Zhang et al.，2006，2010；Jiang et al.，2007；Chen et al.，2010；Li et al.，2007；Gamal，2010；Da Silva et al.，2010；杨帆等，2011；韩豫川等，2012；毛铁等，2015；肖朝益等，2018；张亚冠等，2019)。以上研究成果主要体现在以下三个方面：①对磷矿的沉积环境研究；②对局部磷矿(如某磷矿或某时代)的元素地球化学研究；③对贵州织金含稀土磷矿床中其伴生稀土元素的研究。如曾允孚等(1994)通过对昆阳、晋宁及鸣矣河等 22 个含磷剖面和磷矿区进行了多次实地考察和主要沉积层序追踪对比分析，认为海平面升降过程中形成的有利相带和陆上暴露是滇东地区成磷成矿和磷矿富集的主要因素；陈其英(1995)通过对我国震旦纪、寒武纪磷块岩矿床的研究表明，磷块岩的形成过程与菌、藻类微生物关系密切；吴凯等(2006)对贵州瓮安磷矿陡山沱组地层元素地球化学特征进行研究发现，瓮安陡山沱组地层形成的海水沉积环境有由下部的缺氧环境向上部的氧化环境转变的趋势；杨帆等(2011)对昆阳磷矿沉积环境与矿床地球化学研究表明，滇东地区昆阳磷矿床是位于扬子古地块西南缘的海相沉积大型磷矿床，杨瑞东等(2005)、张杰等(2000，2004a，b)

及陈吉艳等(2005)对贵州织金含稀土磷矿床中稀土元素和沉积环境进行了较多的分析研究，认为贵州织金磷矿具有正常海相沉积伴海相热水沉积共同成因。

纵观已有的文献资料，国内外对磷块岩成因的研究资料居多，但存在较大的争议。国外关于磷矿组成、元素组合与古地理之间关系的研究报道较少，对某一磷矿床的元素地球化学特征和沉积特征研究较多；国内研究资料主要集中在对磷矿沉积环境研究方面，并且取得了较丰硕的成果，揭示了中国磷矿床在各时代和各主要成矿区域上的大致分布特征及规模。但是，对某一层位大区域上磷矿层的沉积特征及元素的分异特征横向对比研究报道较少。

## 1.3　扬子区寒武系底部含磷岩系尚需解决的难题

寒武系底部含磷岩系的研究涉及的内容广，问题多。许多问题还存在较大争议，如沉积环境的差异导致的元素分异问题、成因问题及稀土元素赋存状态问题等，概括起来，以下方面需要深入研究。

(1)深水、斜坡、浅海陆棚、浅海、潟湖环境的成磷特征及元素地球化学特征等尚需深入研究。

(2)与含磷层密切相关的 $P_2O_5$、CaO、$SiO_2$、REE、V、Mo、Ni、Cu、Pb、Zn、Ba 等常量、稀土及微量元素的分异特征需进一步查明。

(3)贵州织金含稀土磷块岩中含量较高的稀土元素 Y 在磷矿中的赋存状态、价态及相关的化学配位信息研究有待深入。

(4)前人对各磷矿床的物质来源、沉积环境与成矿模式做了大量工作，但对大区域磷矿成矿规律及成矿元素的分异模式研究报道较少。

## 1.4　研　究　意　义

磷是重要的生命机体组成元素，为植物生长必不可少的元素之一。首先，磷矿产品主要用作农业肥料，是氮磷钾农肥之一；其次，磷还可用作动物饲料添加剂，使动物有效吸收钙，促进骨骼生长发育；最后，磷在现代轻工业、化工业、环保业及国防业等领域也具有广泛而重要的用途。可见，磷矿是人类生存发展的重要矿产资源之一，合理开发磷矿资源是当今社会研究的热点问题。

扬子区寒武系底部含磷岩系主要蕴藏于梅树村期地层中，地层层序完整，沉积相类型多样，矿石类型丰富，含磷岩系复杂，磷矿沉积厚度变化大，其地质特征和成矿规律在世界同期海相磷块岩中也较为典型，如著名的云南昆阳磷矿、昆明市东川区白龙潭磷矿、贵州织金磷矿等。其中贵州织金新华磷矿是贵州省磷矿资源储量最多的特大型矿区之一。通过对磷矿的研究与分析测试，发现其伴生有丰富的稀土，成为国内少有的磷与稀土并存的特大型产区，且磷矿中 15 种稀土元素都存在，以钇含量最高，可以综合回收利用(贵州省地方志编纂委员会，1992)。

本书针对云南、贵州(织金、金沙、清镇、习水、遵义、开阳、镇远、天柱、铜仁)、江西、浙江、江苏一带含磷岩系进行系统采样，研究元素地球化学特征，了解磷质物质从深海区到浅海区 $P_2O_5$ 的变化规律，微量元素及稀土元素的分布情况，了解在洋流上升的背景下，元素的分异过程，特别是与含磷层密切相关的 $P_2O_5$、CaO、$SiO_2$、REE、V、Mo、Ni、Cu、Pb、Zn、Ba 等的分异过程，确定洋流上升过程中的元素分异特征；同时，从元素分异性探讨寒武系含磷岩系成因与洋流上升作用之间的关系；对扬子区不同环境(深海、陆棚、浅海滨岸、潟湖)中含磷岩系的微量、稀土元素的组成进行研究，确定不同环境下沉积的磷块岩(磷结核)中稀土、微量元素组成，确定有利的稀土富集成磷环境；分析磷块岩中稀土富集规律，查明稀土元素在贵州织金磷矿中的赋存形式、价态以及配位信息等，为合理开发磷矿中伴生的稀土资源提供基础资料。因此，深入开展扬子区磷块岩矿床沉积特征及元素地球化学研究，不仅具有一定的理论意义，更是将理论运用到资源综合应用的实际中，有利于总结区域成矿规律，找出磷矿中伴生稀土元素的富集层位及区域，对提高磷矿的综合利用具有非常积极的意义，也是实现国家及地区经济可持续发展的需要。

## 1.5　研究内容及技术路线

### 1.5.1　研究内容

根据扬子区寒武系底部含磷岩系研究现状和前人已取得的研究成果、存在的问题等，本书在全面查清云南白龙潭，贵州织金、金沙、清镇、习水、遵义、开阳、镇远、天柱、铜仁，江西上饶，浙江江山及江苏南京一带含磷岩系的物质组成及结构特征的基础上，着重从含磷层成因——洋流上升观点入手，对扬子区含磷层位进行研究，主要研究该层位成磷环境的分异性、地球化学的差异性，同时也探讨洋流上升成磷学说的元素地球化学的分异性，本书研究的内容大致有如下几个方面。

(1)利用等离子质谱仪 ICP-MS 进行稀土元素、微量元素及常量元素分析测试，并根据 $\Sigma LREE/\Sigma HREE$[①]、$\Sigma REE$、$P_2O_5$、CaO、MgO、$SiO_2$、Y、Ba、Sr、Th、U、$\delta Eu$、$\delta Ce$ 的组成特征，了解寒武系底部含磷岩系的元素组成特征。

(2)根据分析测试数据，分析寒武系底部含磷层位在深海、陆棚、浅海滨岸、潟湖等不同环境的成磷区别、地球化学特征的异同。

(3)分析扬子区含磷岩系磷质物质从深海区到浅海区 $P_2O_5$ 的变化规律。

---

① LREE(light rare earth element)，即轻稀土元素；HREE(heavy rare earth element)，即重稀土元素。

(4)根据分析测试数据,确定洋流上升过程中元素分异特征,特别是与含磷层密切相关的 $P_2O_5$、CaO、$SiO_2$、REE、V、Mo、Ni、Cu、Pb、Zn、Ba 等的分布特征,从元素分异性论述寒武系底部含磷岩系成因与洋流上升作用之间的关系。

(5)根据分析测试数据、野外调查资料,确定寒武系底部含磷层中稀土分布,确定云南白龙潭、贵州(织金、金沙、清镇、习水、遵义、开阳、镇远、天柱、铜仁)、江西上饶、浙江江山及江苏南京等地含磷岩系剖面上不同层位的稀土含量,探讨寒武系底部含磷岩系稀土富集层位。分析磷块岩中稀土富集规律、赋存状态,为磷矿的综合利用提供科学资料。

(6)根据稀土含量与古地理之间关系,预测区域范围内高稀土含量的磷块岩分布区(包括隐伏磷块岩),为大规模开发利用寒武系磷块岩中稀土资源提供基础资料。

(7)利用同步辐射 X 射线吸收精细结构(X-ray absorption fine structure,XAFS)等实验手段,查明贵州织金含稀土磷矿床中稀土含量较高的 Y 的矿物学形态、价态及相关的化学配位信息等,从微观角度弄清 Y 在磷矿中的赋存状态,为合理开发利用贵州磷块岩中稀土元素 Y 提供理论依据。

## 1.5.2 技术路线

主要采取野外地质调查与室内研究相结合的方法,经过野外样品采集—室内样品处理及分析测试—室内资料整理—综合分析研究等工作程序(图 1-1),按照以点带面、重点突破的原则,选择具代表性的区域、典型剖面进行系统研究。

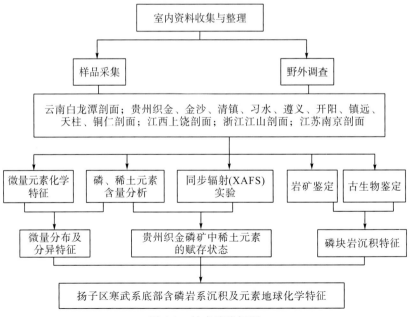

图 1-1  技术路线框图

# 1.6  研究特色及创新

本书的研究特色与创新主要有以下几方面。

(1)通过研究证明了扬子区含磷岩系中稀土含量与碳氟磷灰石矿物中 $P_2O_5$ 含量呈正相关关系。从深水到浅水，上升洋流作用引起的磷沉积序列为：高稀土磷结核—低稀土低磷硅质岩—高硅富稀土磷块岩—磷块岩。织金地区磷块岩富集稀土主要是由于洋流上升过程中富磷、硅及稀土水团通过织金通道沉积造成的。

(2)根据与含磷层密切相关的 $P_2O_5$、CaO、$SiO_2$、REE、V、Mo、Ni、Cu、Pb、Zn、Ba 等常量、稀土、微量元素分析测试和数据分析，从元素分异性证明了寒武系磷块岩成因主要受洋流上升作用控制。

(3)通过同步辐射 XAFS 实验技术，得出贵州织金磷矿样品中 Y 的价态为+3，样品中的 Y 处于复杂的配位环境中，没有 Y—O—Y 类的键合，Y—O 键长并没有明显变化，其配位数也少，说明样品中 Y 的周围为有机物或大的聚合物，不是以无机物的形式存在。

# 1.7  小    结

本章以研究意义、研究方法、技术路线及拟解决的关键问题等为思路，对扬子区寒武系底部含磷岩系开展研究，成果对总结区域成矿规律、提高磷矿资源的综合利用具有一定指导意义，同时为贵州织金磷矿中伴生稀土元素的回收利用，寻求新的、具有合理经济价值的分离—富集—提取方法提供重要的理论支撑及参考依据。

# 第2章 磷块岩成因研究进展

## 2.1 磷块岩的沉积特征研究

### 2.1.1 磷块岩分类

按磷的工业品位将岩石中 $P_2O_5$ 含量大于 18%的称为磷块岩；小于 8%的称为含磷岩；8%～18%则称为磷质岩。根据磷块岩的成因，将沉积成因的磷质岩称为磷块岩，把岩浆成因或变质成因的结晶磷质岩称为磷灰岩。

扬子区磷块岩的成因主要为沉积成因，因此矿石类型按其沉积特征主要分为五大类，自上而下分别为：致密块状磷块岩、白云质条带状磷块岩、泥质条纹磷块岩、泥质条带磷块岩及团块状、豆状、结核状磷块岩等。

致密块状磷块岩均富矿，$P_2O_5$ 大于 30%，它由叠层石磷块岩与壳粒磷块岩两种亚类构成，而且都是生物作用形成的磷块岩(东野脉兴等，1992a，b)。梅树村期此类磷块岩在下矿层含量多于上矿层，陡山沱期此种磷块岩在上矿层的比例多于下矿层，而且在鄂西-湘西-黔中磷矿带，越向两端，含量越高。

白云质条带状磷块岩是分布最多最广的一种类型，几乎所有矿区都存在，而且所占比例最多，但在下矿层所占比例要高于上矿层。它主要是由薄层状磷酸盐岩与白云岩组成的互层而形成的条带，单个条带一般厚 1～3cm。白云质条带磷矿层的厚度各矿也不同，由几米到 30m 不等，一般为 3～15m，$P_2O_5$ 含量依磷质条带的厚度及含量多少而异，一般为 12%～22%。

泥质条纹磷块岩由纹层状泥质与纹层状磷质互层组成，总的特点是由几毫米厚的纹层状组成，常与泥质条带磷块岩共生，这在鄂西兴-神保磷矿尤为显著，泥质条纹磷块岩另一特点是磷质条纹厚于泥质条纹，因此，品位也高些，$P_2O_5$ 一般为 18%～26%。

泥质条带磷块岩没有白云质条带磷块岩分布广泛，有的矿区缺失。泥质条带磷块岩由磷质薄层与泥质薄层的互层组成，单个薄层(条带)一般厚 1～3cm，常与其他类型磷块岩形成韵律。厚度为 0～15m，一般为 2～5m。

团块状、豆状、结核状等磷块岩分布局限，规模小，品位低，一般不构成工业矿体，主要分布在贵州天柱、铜仁，江西上饶，浙江江山及江苏南京等地。

上述五种类型中前四种为主要类型，自下而上呈现出由泥质到白云质的递变规律(东野脉兴，2001)。

### 2.1.2　磷块岩结构构造特征

据东野脉兴(2001)可知，磷块岩具有微粒结构、团粒结构、壳粒结构三种主要结构类型。微粒磷块岩由粒径为 0.05～0.5μm 的磷灰石超微颗粒(即胶磷矿) 构成。显微镜下表现为色浅质纯，分辨不出颗粒，呈均质性，常见收缩裂纹。磷酸盐矿物含量达 85%以上，含少量泥质、白云石、硅质、有机质、铁质、碳质等，富含菌藻类微生物化石。

团粒磷块岩主要由磷质团粒或藻菌粒和泥基质或磷基质组成。团粒是由不同类群的磷质微生物宿营黏结在一起形成的集团群落。在电镜下，团粒内部可见到细胞、藻丝体等。当所含的藻菌、有机质呈不规则同心纹状分布时，则称藻菌粒。团粒粒度较均一，一般为 0.3～0.6mm，呈浑圆状或不规则状，颗粒边缘模糊不清，团粒呈紧密堆积，颗粒间彼此黏结，具似粒非粒之特点，在正交镜下可隐约见到颗粒界线。团粒间多以黏土矿物或磷基质充填，有时可见少量硅质。

壳粒磷块岩主要由磷质壳粒、磷基质或磷亮晶胶结物组成。壳粒由核心和壳层两部分组成，核心为各种磷质颗粒，其中以团粒为主，其他碎屑也可以成为核心。壳层由垂直核心生长的纤维状磷灰石组成，厚 0.02～0.07mm，具同心纹结构，壳粒间为磷基质或磷亮晶胶结物，当壳粒紧密堆积时，其充填物多为磷基质，有时为白云石充填。

在沉积构造方面，扬子区寒武系磷块岩初始为块状层理构造，紧接发育波状、透镜状及双向交错等潮汐层理构造，最后过渡为微波状水平层理乃至水平纹层构造，反映了水体自下至上逐渐变深、水动力由动荡渐变为平静的演变过程。

### 2.1.3　沉积层序特征及生物化石特征

扬子区寒武系磷块岩在层序结构上，沉积物则呈现了由下往上逐渐变细的沉积层序：①从宏观上具有泥质条带—泥质条纹—白云质条带—块状磷块岩的沉积序列；②从微观结构上具有微粒—团粒—壳粒—磷质微生物礁的序列。

在生物化石方面，小壳动物化石在下部较富集，普遍见有生物碎屑结构，向上数量渐少，因此，自下而上生物屑呈减少乃至消失的变化趋势(东野脉兴，2001)。

## 2.2　含磷岩系成因研究

国内外对磷块岩物质来源及成因研究已经做了大量的工作，其研究可分为以下几个时期。

(1)19 世纪后期，"生物成因说"占主导地位，大家普遍认为磷块岩是由生物遗体堆积而成，这是最早对磷块岩成因进行解释的理论(东野脉兴等，1992a，b)。在1873～1876年海洋考察中，在南非厄加勒斯角南部海岸带发现了现代海底的结核状磷块岩，前人研究认为，磷结核的形成与大规模生物死亡事件有关。暖、冷洋流交汇处由于营养丰富，生物繁盛，生物腐烂后释放出的含磷物经沉积后逐渐形成磷块岩。当时普遍认为，成岩作用和由磷酸盐取代碳酸盐的交代作用在磷块岩矿床形成中起重要作用(Baturin，1989)。限于当时的研究水平，"生物成因说"并没有严格的科学数据支撑，只是较为肤浅的认识和推理。

(2)1937年卡扎科夫(Kazakov)提出了"上升洋流说"，属于化学成因范畴的一套理论，到20世纪五六十年代，麦凯尔维(V. E. Mekelvey)和谢尔登(R. P. Sheldon)进一步发展了这个理论，至今仍对磷块岩的成因解释有很大影响力。其基本原理为：富含$P_2O_5$的深部某层海水在上升洋流动力影响下到达海水表层或浅海区域，在洋流上升期间由于压力下降等因素(Baturin，1989；东野脉兴等，1992a，b)的影响，磷酸盐的溶解度降低使其以无机沉淀的方式沉积成为磷块岩。该理论提出的早期弱化了生物作用，但未能合理解释极浅海条件下形成的磷块岩以及成岩作用时期磷酸盐化等问题。葛利普(Grabau)在1919年描述了磷块岩堆积与沉积间断面之间的密切关系，认为早期分散在沉积物中的磷经过再改造作用才能达到工业富集(叶杰，2002)。这种机械(物理)再富集的观点后来得到了普遍认可，并逐渐形成磷块岩结构成因的划分依据。磷块岩形成理论的许多要素在20世纪上半叶就已经出现，包括上升洋流、生物聚磷、物理改造再富集等。

(3)到20世纪中后期，磷块岩研究进入新的阶段。20世纪五六十年代美国地调局(USGS)在美国以及其他国家开展了大规模的磷块岩研究工作，20世纪七八十年代的国际地质对比计划(IGCP156)联合多个国家的研究者进行世界磷块岩的研究，进一步完善了海相沉积磷块岩的形成理论。20世纪80年代在中国召开了第五届国际磷块岩学术讨论会，推进了中国磷块岩沉积矿床的研究。

前人对上升洋流引发的磷块岩沉积古地理特征进行分析总结，Baturin(1981)和叶连俊等(1989，1998)进一步完善了扎卡科夫的理论，认为海岸上升洋流连续不断地提供养分(磷酸盐)，使浅水光合作用带的微生物及其食物链上的其他生物繁殖，为沉积物提供了富含磷的有机质，沉积物中有机质的微生物降解不断释放出磷酸盐导致磷灰石不断沉淀和磷矿的形成；干旱气候和低纬度的辐散洋流上升区是最有利的成磷地带，解决了富磷海水的运移方向和磷质由深海到达陆缘的动力机制问题。Baturin(1981)系统地研究了现代大陆架的磷块岩，并与地质时期海相磷块岩进行系统对比分析，认为自震旦纪以来的海相磷块岩与现代磷块岩的各种特征、形成作用和制约因素都具有一定的可比性。

这些理论对中国磷块岩研究具有一定的指导意义。如新元古代冰期后古海洋从冰期时流动性较差的状态转为开放状态，导致大洋环流作用增强与上升洋流的发育(Kaufman et al.，1993)。罗迪尼亚(Rodinia)超大陆的解体及冈瓦那(Gondwana)

大陆的聚合造成板块运动形成的狭窄大洋有利于上升洋流的发育(Meert et al.，2008)，有利的古地理位置及生物繁盛都是磷块岩沉积的必要条件。

"无机沉淀说"认为磷是以化学方式沉淀的，海洋水体中关于磷酸钙饱和度的研究表明该学说具有一定的缺陷性，实验证明海水中的磷酸钙是不饱和的。海水中羟磷灰石和氟磷灰石的溶解度低于碳氟磷灰石，而碳氟磷灰石大部分是海相磷块岩的磷灰石矿物(Atlas et al.，1977)，这就表明磷块岩的形成不是由海水中磷酸钙的化学沉淀导致的。Nathan 等(1976)通过实验发现，海水中镁离子的存在会导致磷酸钙溶解度增大，不利于磷灰石的沉淀。这些实验都表明，磷块岩的形成不是正常海水中磷酸钙的化学沉淀引起的。

以磷酸盐交代碳酸盐岩为标志的"交代成因说"也不能全面解释全球性成磷现象。通过对西非及智利等现代上升洋流活动区的磷结核实际观察，巴图林(1985)等研究者肯定了上升洋流的作用，认为磷块岩的形成包括生物吸收、沉积分解、成岩作用直至物理富集的过程。对磷块岩形成的研究越来越倾向于从多因素作用方面考察，对单一因素的研究逐渐被摒弃。

随着海洋学研究的发展，海洋磷循环的研究逐渐被重视，Föllmi(1996)收集了深海钻探计划(deep sea drilling project，DSDP)和大洋钻探计划(ocean drilling project，ODP)数百个钻孔的古海洋总磷资料，对 165Ma 以来总磷的埋藏进行系统研究，认为磷的沉积与长期海平面变化有一定的联系，并指示一定的古海洋营养状态，将磷循环引入磷块岩成因研究。系统地从 C-N-P-O 等元素循环来解释成磷现象成为趋势，在此领域，磷的埋藏与大洋缺氧的关系被广泛重视。Cook 等(1984)从 $\delta^{13}C$ 与 $\delta^{34}S$ 变化上认为前寒武纪-寒武纪交界处的成磷作用发生前有一个广泛分布的相对缺氧阶段。中国在这一时期发育有多次缺氧事件，如大塘坡期、陡山沱期及筇竹寺期(杨競红等，2005)，沉积的磷块岩广泛分布于我国的扬子地台。Hiroto 等(2001)也发现，前寒武纪末-寒武纪交界处存在广泛缺氧的浅海环境。含磷有机质在沉降过程中一般伴随着磷质释放。氧化条件不利于释放，而缺氧条件下释放效率较高(Ingall et al.，1997；黄永建等，2005)，海水中的缺氧条件使得磷等营养元素增加，导致生物初始生产力提高，生物开始繁盛，而生物生存与有机质分解都是耗氧过程，又使缺氧状况加剧。最后，在大洋生产力和大洋缺氧之间形成正反馈(黄永建等，2005)。

## 2.3　磷块岩形成控制因素分析研究

磷块岩形成受多因素控制，国内外学者对磷块岩的形成研究做了大量的工作，归纳起来主要有：对磷块岩中常量元素、微量稀土元素及同位素等方面的研究，通过这些研究，可判别磷矿床的形成条件，如磷的物质来源、氧化-还原条件、成矿时的气候及温度等。

　　磷的来源是指磷块岩矿床成矿物质——磷的来源母体，这是磷块岩成因研究的重要方面之一。中国规模较大的磷矿大多是海相沉积的，研究磷的来源，首先要了解海洋中磷的来源问题。海洋中的磷有以下四种来源：①陆源，即大陆通过地表径流、地下水流、冰川及海岸侵蚀向海洋提供的磷质；②火山源，即海底火山喷发的气液和碎屑物质向海洋提供的磷质；③空源，即大气中尘埃和宇宙物质向海洋提供的磷质；④生物源，海洋中生物骨骼沉积形成的磷质。

　　据统计，前三种物质源每年向大洋提供磷质的绝对量分别为 $14.2 \times 10^6 t$、$2.66 \times 10^6 t$ 和 $1.13 \times 10^6 t$(Baturin，1981)。陆源、火山源和空源的相对比率约为 5.5、1、0.4，生物源比空源大。研究者对磷矿床的 Sm-Nd、Pb 同位素进行研究，证明磷矿床的成矿物源有新生地幔物质组分的加入(陈多福等，2002；施春华等，2008)。

　　通过对磷块岩微量、稀土元素的研究，发现沉积型磷矿床具有正常海相沉积伴有海相热水沉积混合成因的特征(杨卫东，1997；郭庆军等，2003；施春华等，2004；王敏等，2005；张杰等，2003，2008；鲁志雄等，2010)，其中热水成因特征可能是深海水团受到海底热水作用影响，水团中大量的元素被带到浅水区随磷质沉积，因而磷块岩中元素地球化学显示了热水沉积成因的特征。

　　根据研究者对磷块岩沉积环境的分析，认为扬子区寒武系磷块岩形成于炎热古气候条件(崔克信等，1987；叶连俊等，1989；Kissao et al.，2003；高俊彩等，2008)，如叶连俊等(1989)通过对寒武系沉积物的研究，认为磷块岩形成于炎热、干旱气候条件下；而高俊彩等(2008)对昆明市东川区绿茂乡麻栗坪磷矿地质特征及成因进行分析，提出滇东寒武系沉积磷块岩矿床是在炎热、潮湿的古气候条件下，并在开阔的浅海相沉积环境中形成。形成磷矿的地理环境为浅海相区台地相带中的沉积浅滩，这主要是因为浅滩两侧具有一定的地球化学条件，如温度高、蒸发强、$CO_2$ 逸出、pH 升高等，有利于磷酸盐以化学方式沉淀(崔克信等，1987；姚超美等，1994)。

　　国外学者通过磷块岩的微量、稀土元素研究，发现成规模的沉积磷块岩都是在相对氧化的环境中形成的(Fakhry et al.，1998；Shields et al.，2001)。国内也有相关的报道，如张杰等(2004a)对贵州织金新华含稀土磷矿床进行的稀土元素及微量元素分析结果表明，贵州织金磷矿形成于氧化程度相对较高的环境；杨帆等(2011)通过对昆阳磷矿沉积环境与矿床地球化学研究发现，滇东地区寒武系磷块岩也形成于相对氧化的沉积环境。

　　纵观国内外文献资料报道，磷块岩的物质来源为陆源、火山源、空源、生物及地幔物质来源；成因具正常海相沉积伴有海相热水沉积混合成因的特征；气候为炎热古气候条件；浅滩是磷块岩沉积最为有利的地理条件；沉积环境为相对氧化环境。

## 2.4 成磷带与构造关系研究

根据东野脉兴(1996)对中国三大成磷期成矿构造-古地理单元的研究,提出了"陆缘坻"的概念。他认为陆缘坻是一个连接深海并与海岸平行的狭长水下槽地,它具有以断垒构造为主的活动性和地貌上的复杂性,甚至高耸地带可以出露水面。并认为形成具有工业意义的大规模的磷块岩必须具备上升洋流和陆缘坻这两个基本条件,二者缺一不可。因此,陆缘坻的提出丰富和发展了上升洋流理论。

中国主要有三大成磷期,三大成磷期对应形成三个主要磷矿成矿带:①扬子地块西缘早寒武世梅树村期川中-滇东陆缘坻;②扬子地块东南缘晚震旦世陡山沱期鄂西-黔中陆缘坻;③中朝地块东缘早元古代滹沱群锦屏组沉积期鄂东-苏北-吉南-金策陆缘坻。三大成磷期陆缘坻有一个共同的特点,就是它们都不直接濒临深海,中间总有一基底隆起带相隔,当成磷期海侵后,边缘隆起带几乎全部或部分被海水淹没而成为岛链,又由于陆缘坻本身存在次级褶皱而形成若干大致成等间距的背、向斜,同时又是地貌上的凸、凹区,磷块岩主要沉积于凹陷区,因此陆缘坻上都有大致等间距分布的聚磷区。

世界磷矿成矿带主要有:最大的非洲地台北缘晚白垩-古近纪成矿带,西起摩洛哥,经阿尔及利亚、突尼斯、利比亚、埃及、伊拉克,东到土耳其南部,长5000多千米的巨大成矿带;北美地台西缘二叠纪成矿带及北美地台东南缘新近纪至现代磷块岩成矿带;哈萨克斯坦卡拉套磷矿带;蒙古库苏泊磷矿带;澳大利亚昆士兰成矿带等。从世界其他国家和地区各主要磷块岩成矿带来看,也各具有陆缘坻条件,即具有大致成等间距的背、向斜等古构造特征存在。因此,陆缘坻是海相磷块岩沉积的最主要的构造-古地理条件(黄邦强,1984;王自强,1986;王鸿祯,1990;东野脉兴,1996)。

总之,虽然前人在磷块岩沉积环境、成因、地球化学特征及物质来源等方面的研究均取得了一系列重要进展,但是,对不同成磷环境下磷块岩中地球化学组成特征、洋流上升过程中元素的分异、磷块岩中伴生稀土元素的赋存状态及分离提取等有待进一步研究。

## 2.5 小 结

国内外学者在磷块岩矿床成因这一领域已经做了大量研究工作,形成了多学说观点,然而争议较大。成磷作用应该是一种复杂的多阶段过程,目前欠缺将深入细致的地质因素调查与先进的地球化学分析方法紧密结合起来,特别是含矿岩系的矿物学、岩石学特征及古地理背景等因素与元素地球化学性质的关系研究欠深入。

# 第3章 区域地质及矿区地质特征

## 3.1 区域地质概况

扬子区(扬子地台)是冈瓦纳早寒武世成磷区的重要组成部分,扬子区早寒武世磷块岩矿床是我国最重要的磷块岩矿床。沉积的磷块岩广泛分布于华南地区,著名的磷矿有云南昆阳磷矿、白龙潭磷矿及贵州织金磷矿等。

扬子区早寒武世梅树村期早期,扬子地台为一屹立于大洋盆地中的台地(克拉通),四周分别为滇青藏海盆、川西海盆、秦岭海槽和南华海槽。在其西南边缘有一些零星孤立的岛链,整个地势呈现出西高东低的局势,由西部海岛或隆起向东经海湾-台地斜坡渐入盆地。西部水浅,气候温暖干燥,为局限至半局限海湾的潮坪环境,又迎临东南而来的洋流方向,为磷质来源,生物衍生,成磷聚集、成矿创造了极为有利的条件,从而形成一套含磷碳酸盐沉积。东部则因水深、滞流扩散而形成一套深色的以化学沉积和成岩交代为主的硅质岩及结核状磷块岩。东、西间因沉降-补偿的差异性,沉积环境有所差异,沉积物在时空上都有明显变化。在梅树村期,整个扬子区沉积物中普遍含磷,尤以西部地区最为明显,自西向东海水变浅,碳酸盐及含镁碳酸盐成分逐渐增加,而磷质则相对减少,致使扬子区寒武系底部含磷岩系呈现出西厚东薄的现状,西部以粉砂岩夹砂质磷块岩为主,向东逐渐过渡为碳质页岩、硅质页岩、结核状磷块岩、石煤及含 Mo、Ni、V、U 的多金属层等(蒲心纯等,1992)。

中国南方寒武纪构造背景属于加里东构造旋回(包括震旦纪)的中期,基本上是震旦纪构造发展的延续,主要构造单元均具明显的继承性。在加里东时期,中国南方由扬子板块和华夏板块两大板块组成,两大板块以江山-绍兴转换断层及其控制的华南盆地为界,华南盆地是在晋宁晚期残留盆地背景上发展起来的。从早寒武世沧浪铺期开始,江绍断裂带北侧隆,说明此时期江绍断裂带的左行走滑活动结束,筇竹寺期的黑色页岩和磷块岩沉积指示盆地拉张达到了最大规模,此后则表现出以热沉降为主。随着浊流沉积在盆地中快速堆积以及扬子东南缘的热沉积作用,使华南盆地与西北边肩部地垒的地形差异逐渐变小,这就导致了在中晚寒武世来自东南方向的强大浊流可以超越盆地,达到扬子陆块东南边缘的低洼处。

在寒武纪时期,扬子古板块西缘因受康滇古陆和龙门山岛链隆升的影响,整个板块显示西高东低台地相的沉积特征。在此时期,根据活动构造的性质可以将中国南方划分为华南裂谷区(包括华南盆地、华夏西北大陆边缘和扬子东南大陆边缘)、扬子陆块北缘裂谷带、扬子陆块块断构造活动带(扬子克拉通)及华夏克拉通四个构造区,其中华南裂谷是规模最大的构造带。梅树村期沉积明显受到块断差异运动的控制,在扬子区形成隆、凹的构造特征。隆、凹的构造分别是昭觉-昆明盆地、川黔浅水碳酸盐台地(包括川黔潮上泥坪、黔中台地边缘浅滩)、龙门山-大巴山台地边缘斜坡、黔湘鄂台地边缘斜坡、黔湘鄂皖盆地。它们是控制扬子区寒武系底部含磷岩系(磷结核)形成的主要构造因素(蒲心纯等,1992)。

## 3.2　扬子区寒武系底部含磷岩系地质特征

扬子区寒武系底部含磷岩系采样点大部分地区均有高等级公路及简易公路到达矿区,交通较为方便。含磷岩系主要分布在云南东部,贵州北和西北地区,赋存层位主要是云南梅树村组中谊段底部、顶部和八道湾组底部、顶部,贵州冒龙井段和戈仲伍段,向东的贵州铜仁、天柱,江西上饶,浙江江山等地含磷岩系主要出露于牛蹄塘组、留茶坡组及荷塘组黑色碳质页岩中的磷质结核(王宗武,1985)。根据扬子区寒武系含磷岩系特点,现将各研究点地质特征简述如下。

### 1.云南白龙潭磷矿

矿区大地构造属扬子准地台滇东北拗褶带与川滇台背斜的接合部位,夹持于东、西两支小江断裂之间,断裂构造发育,褶皱不发育,地层呈南倾的单斜构造。依断裂展布方向,可分东西向断裂、北西-南东向断裂、北东-南西向断裂及南北向断裂,各断层均对磷矿层有不同程度的破坏作用。白龙潭磷矿属大型浅海相沉积的磷块岩矿床,含矿层总厚约 19.64m,矿体呈层状产出,层位稳定(内部资料)。

梅树村组中谊村段上部为细晶白云岩夹白云质磷块岩及瘤状含磷白云质灰岩,中部为磷矿层,岩性为深灰色白云质条带状磷块岩夹条纹状磷块岩及硅质磷块岩,由白云岩与磷块岩薄层与纹层组成互层状,发育透镜状层理,该矿层为主要的工业矿层之一,$P_2O_5$ 含量为 16.4%~22.6%,下部为深灰色白云质灰岩夹黑色硅质岩。矿石主要是碳氟磷灰石,共生的陆源碎屑矿物有石英、硅质岩岩屑(燧石)及斜长石等,伴生矿物有白云石、方解石、高岭石及黄铁矿等,含有少量的海绿石、电气石、锆石,偶见方铅矿和黄铜矿(夏学惠,1989)。矿石结构有微粒或泥晶结构、内碎屑结构、纤维聚晶结构及生物碎屑结构等,以碎屑结构为主。矿石构造有致密块状构造(图 3-1a)、均匀砾屑状构造(图 3-1d)、条带状构造(图 3-1a、b)、水平条带状构造(图 3-1c)、波状条带状构造(图 3-1a)等(内部资料)。岩石还具有水平层理、波状层理及粒序状层理构造,其次还有交错层理,层面上还见有波痕构造等,根据矿石结构构造将磷块岩矿石分为以下几种类型(韩豫川等,2012)。

a.浅灰色致密块状磷块岩，具波状层理

b.灰褐色条带状磷块岩，具碎屑状结构，
具水平层理

c.薄层状白云质磷块岩（夹燧石条带），
具条带状构造

d.砾屑状磷块岩

图 3-1　磷块岩沉积结构构造

（1）泥晶磷块岩和隐晶磷块岩。此类矿石为深色致密状的矿石，隐晶磷块岩的隐粒，是一种在正交偏光镜下显示边界的磷质颗粒，而在单偏光镜下不显示。泥晶磷块岩和隐晶磷块岩二者紧密共生，前者是化学沉积成因，后者是在前者形成后由于海平面下降，在海水稍有动荡的条件下原地形成的。

（2）致密磷块岩。呈灰色、致密块状，坚硬；具内细砂屑结构，砂屑粒径 0.1～0.2mm，成分主要为磷砂屑及少数的陆源石英粉砂，胶结物为水云母、白云石、玉髓等，磷矿物含量大于 80%，致密磷块岩是寒武系底部重要的磷矿石类型。

（3）白云质磷块岩。呈浅灰色、褐灰色、蓝灰色，具碎屑结构，块状、条带状构造，碎屑成分有磷内碎屑，磷质生物碎屑，磷鲕粒及石英、白云石碎屑，磷内碎屑粒度有砾、中砂、细砂，胶结物主要为泥晶、粉晶白云石，局部见细粉晶白云石富集成条带，条带宽 0.1～1.0mm，与磷质条带相间产出，白云质磷块岩是区内分布最广泛的矿石类型。

（4）硅质磷块岩。呈深灰色，致密极坚硬，细砂屑结构，块状构造，砂屑成分主要为磷砂屑，也可见少量石英，胶结物为玉髓，其他矿物少见。

（5）泥质磷块岩。呈灰色、细砂屑结构，块状构造，磷砂屑混有较多的泥质物，砂屑大小均匀，堆积比较紧密，胶结物少，并能沿层定向排列构成微层纹状构造。

(6)生物碎屑磷块岩。生物碎屑主要是软舌螺类，胶结物为硅质或白云质，主要出现在矿层下部硅泥质胶结的薄层磷块岩中。

2.贵州织金磷矿

贵州织金磷矿矿区地质构造位置处于"黔中隆起"西南端，属典型的扬子区地层。磷矿床位于戈仲伍-果化背斜、张维背斜北西翼近轴部。背斜向北东-南西方向延长，北东起果化矿段的高山，向南东经果化戈仲伍、高山止于饶堕附近，背斜北东段，由于波状褶皱及一系列断裂影响，面积比较开阔，向南西由于背斜收敛面积变为狭窄状，北东向断层发育。岩层产状一般倾向北西，倾角 10°～30°。临近褶皱轴或断层附近，倾角可达 50°～70°。

含磷岩系由上、下两段构成。下段以薄至中厚层白云质生物屑砂砾屑磷块岩与含磷白云岩交替沉积为主，发育波状、透镜状及双向交错等层理，含丰富的微生物及带壳小动物化石，为淹没台地生物碎屑滩沉积类型，称戈仲伍组。其底部以砾屑白云岩与下伏灯影组冒龙井段分界，顶部以硅质粉屑磷块岩与上覆牛蹄塘组下段分界，厚 1.47～2.50m，局部有尖灭现象。上段为含磷黑色黏土岩和粉砂岩，厚 7.8m，底部 0.5m 内含硅质磷块岩结核及似层状透镜体，属开阔海潮下悬浮沉积和滞积类型，此即牛蹄塘组下段。其中，戈仲伍组和牛蹄塘组底部组成了全部的磷块岩矿层。含磷岩系厚 7.8～32.8m，由南西向北东共划分为高山、戈仲伍、果化、佳垮-大嘎等四个矿段。各矿段基本情况见表 3-1，表中所列矿层厚度划分为上、中、下三部分。上部为结核状、透镜状硅质磷块岩层，位于含磷岩系上段的底部。磷结核半径 0.3～5.0cm；透镜体厚 1～2m，长 3～20m。均产于黑色黏土岩及粉砂岩中，疏密不均。中部为白云质碳质粉屑磷块岩层，其厚度变化与上部的结核状、透镜状矿层一样都是由南西向北东变薄，乃至尖灭。下部为白云质生物屑砂砾屑磷块岩与含磷白云岩的薄至中厚层交替沉积，由北东向南西变薄，局部也有尖灭现象。

表 3-1　贵州织金新华磷矿床矿段及矿层一览表(贵州省地矿局，1987)

| 矿段名称 | 矿段规模 | | | 岩层及矿层倾角/(°) | 矿层厚度/m | | |
|---|---|---|---|---|---|---|---|
| | 长/km | 宽/km | 面积/km² | | 上部 | 中部 | 下部 |
| 高山 | 6.90 | 0.50～0.80 | 4.20 | 10～20 | <0.50 | 0.50～2.00 | 1.47～9.01 |
| 戈仲伍 | 7.20 | 1.35～2.35 | 13.80 | <30 | 0.20～0.40 | 1.00～4.00 | 12.00～20.00 |
| 果化 | 5.70 | 0.57～1.50 | 4.60 | 5～20 | <0.30 | 0～0.35 | 9.00～16.00 |
| 佳垮-大嘎 | 2.80～6.60 | 2.00 | 9.40 | <20 | 0 | 0～0.35 | 5.85～23.97 |

含磷岩系分上、下两个岩石组合。下段为碳酸盐岩-重稀土磷块岩组合，厚21.27m；上段为富含铀、钒、钼黑色细屑岩-磷块岩组合，厚8.69m。含磷岩系在层序结构中具有以下特征：①岩石颗粒粒度由下向上变细，底层为角砾向上渐变为粉屑-泥及粉屑；②岩石层理构造由下部波状、透镜状以及双向交错向上部微波状-水平状层理变化，反映了沉积介质由动荡(潮汐作用)转为宁静的环境演变；③小壳动物化石富集，在下部碳酸盐岩组合段，普遍形成生物碎屑结构(图3-2e、f)，向上数量渐少，至上段趋于消失；④下段为薄至中厚层含磷质生物屑白云岩与薄层白云质生物屑磷块岩的交错沉积，潮汐作用强烈，形成的磷块岩品位虽较贫(一般 $P_2O_5$ 为8%～15%)，但其厚度和矿石量却很大，是主要磷矿层。矿石构造有致密块状构造(图3-2a)，块状、条带状构造(图3-2b、c)，脉状、波状构造(图3-2d)等。

贵州织金含磷岩系岩石沉积特征自下而上颗粒由粗变细，层理类型由潮汐层理转为水平层理，生物屑减少至消失等层序变化趋势，显示海水逐渐加深，至顶部有磷酸盐结核的出现，标志一次最大海侵，构成该类含磷岩系的主要岩石类型有碳酸盐岩、砾屑白云岩、磷块岩、黏土岩和粉砂岩。磷块岩矿石类型主要有生物内碎屑磷块岩、凝胶磷块岩和结核状磷块岩，以生物内碎屑磷块岩为主，凝胶磷块岩呈薄层状、透镜状分布于含磷岩系下段，结核状磷块岩分布于含磷岩系上段底部(韩豫川等，2012)。

### 3.贵州金沙岩孔磷矿

金沙岩孔磷矿位于金沙向斜东翼，核部出现有侏罗系地层。矿区主要出露的地层是寒武系牛蹄塘组硅质岩与浅灰色白云质磷块岩互层，白云质含量较高。其岩性主要有震旦系灯影组白云岩，牛蹄塘组黑色碳质页岩、硅质岩、硅质磷块岩及生物屑砂屑磷块岩；明心寺组灰色粉砂质泥岩、泥质粉砂岩、粉砂质页岩，底部偶夹凝灰岩透镜体，含丰富的三叶虫化石及金顶山组黄绿色粉砂质页岩等。

### 4.贵州清镇含磷岩系分布区

清镇含磷岩系分布区出露的地层主要有震旦系和寒武系地层，震旦系为灯影组白云岩，主要为灯影组浅灰、灰白色薄层-中厚层状含粉屑泥-微晶白云岩；桃子冲组黑色薄层状含磷硅质岩、含泥硅质岩、含磷生物碎屑白云质硅质岩，具水平细纹-条带状层理，含小壳化石和海绵骨针等；牛蹄塘组下段灰黑色薄层、中厚层状碳质黏土质粉砂岩及碳质页岩等。

### 5.贵州习水含磷岩系分布区

习水含磷岩系分布区位于桑木场背斜轴部，出露的地层主要有震旦系和寒武系，含磷区出露的地层主要有震旦系灯影组白云岩和寒武系大岩组白云质磷块岩及牛蹄塘组硅质岩夹黑色碳质页岩(贵州省地矿局，1987)。

a.灰褐色砂屑磷块岩，致密块状，坚硬　　　b.褐灰色条带状磷块岩，具碎屑结构，块状，条带状构造

c.浅灰色、褐灰色、蓝灰色条带状磷块岩，具碎屑结构，块状，条带状构造　　　d.灰色脉状、波状磷块岩，具内细砂屑结构，块状构造

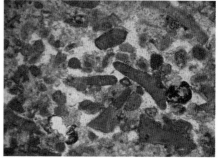

e.条带状生物碎屑磷块岩，生物碎屑以软舌螺、海绵骨针为主，基底有少量硅质，造成分带的原因是生物碎屑呈定向排列（XL-6-9 5×10，单偏光，透射光）　　　f.条带状生物碎屑磷块岩，生碎屑以软舌螺、海绵骨针为主，基底有少量硅质，深色条带状生物碎屑比浅色多，造成分带的原因是生物碎屑呈定向排列（W-X₂10×10，单偏光，透射光）

图 3-2　磷块岩沉积构造及岩石显微镜结构

### 6.贵州遵义松林磷矿

遵义松林磷矿位于金顶山穹窿构造的中部，穹窿核部为前震旦系板溪群，外围依次是震旦系和下寒武统，断裂少，构造简单。含磷岩系主要有灯影组白云岩，白云岩有硅化现象，且硅化严重，偶夹黑色碳质页岩，内部可见呈脉状、网络状分布的方解石；牛蹄塘组下部为磷块岩、黑色硅质岩，上部为黑色碳质页岩与灰绿色页岩，此层内部见有较多次生大气淡水作用形成的渗流豆(吴祥和等，1999)。出露于寒武系底部的矿体主要由黑色硅质凝胶状磷块岩和结核状磷块岩组成(贵州省地矿局，1987)。

### 7.贵州开阳含磷岩系分布区

开阳含磷岩系分布区位于南北向洋水背斜上，断裂发育，以走向断层为主，因此使含磷岩系重复或错位，矿区出露地层由地层核部至翼部地层依序为前震旦系板溪群清水江组、上震旦统马路坪组、洋水组和灯影组及下寒武统牛蹄塘组和明心寺组等，本次研究的是寒武系牛蹄塘组硅质磷质岩，硅质含量较高。

### 8.贵州镇远含磷岩系分布区

镇远含磷岩系分布区地层主要为灯影组浅灰、灰白色薄层-中厚层状含粉屑泥-微晶白云岩；牛蹄塘组黑色薄层状含磷硅质岩、含泥硅质岩、含磷生物碎屑白云质硅质岩，具水平细纹-条带状层理，牛蹄塘组下段为灰黑色薄层、中厚层状碳质黏土质粉砂岩及碳质页岩等。

### 9.贵州天柱含磷岩系分布区

天柱含磷岩系分布区位于坪地向斜构造东南翼，出露地层有新元古界南沱组、陡山沱组、留茶坡组，下寒武统牛蹄塘组、明心寺组、耙榔组、清虚洞组等，磷结核矿层主要分布于下寒武统牛蹄塘组，呈卵圆状、球状，但磷结核矿层较薄，厚仅为0.2m。

### 10.贵州铜仁坝黄含磷岩系分布区

铜仁坝黄含磷岩系分布区位处坝黄背斜近南西倾末端之南东翼部，岩层倾斜较缓，一般小于10°，磷块岩产于寒武系-震旦系跨界地层留茶坡组顶部及寒武系九门冲组下段底部。矿体主要以结核状磷块岩产出，磷块岩结核呈卵状、球状，局部为透镜状，含于黑色黏土岩中。剖面由下至上，平面上由北向南，磷结核有变小减少的趋势。

### 11.浙江江山含磷岩系分布区

浙江江山含磷岩系分布区位于扬子地台与华南褶皱系的交接部位，是浙、皖古生代海盆的东部边缘，印支运动时期，由于太平洋板块向欧亚板块俯冲，本区受强烈的南东方向挤压作用，形成区内北东-南西向的印支期褶皱、断裂以及其他伴生和派生构造，组成了本区的构造格架(郭福生，2004)。出露的地层主要为寒武系荷塘组黑碳质页岩夹磷质结核、磷质透镜体及硅质岩透镜体等。

12.江西上饶及江苏南京等地含磷岩系分布区

江西上饶含磷岩系区出露的地层为寒武系荷塘组黑色碳质页岩夹磷质结核及磷质透镜体，磷质结核呈卵圆状、球状，黑色页岩层厚较厚，一般为10～30m不等，底部为硅质岩；江苏南京含磷岩系地层为幕府山组黑色碳质页岩夹磷质结核，磷质结核比江西、浙江要大(图版Ⅱ-13、14)。

## 3.2.1 扬子区寒武系底部含磷岩系剖面特征

扬子区寒武系底部含磷岩系各矿区出露地层差异较大，其沉积特征也各不相同，具体如下。

1.云南白龙潭磷矿剖面特征

根据2006年云南省昆明市东川区白龙潭磷矿资源储量核实报告可知，云南白龙潭磷矿属大型浅海相沉积磷块岩矿床，主矿层赋存于下寒武统梅树村组中谊村段地层中。本次采样位置为中谊村段($\epsilon_1 m^2$)，自下而上其沉积层序如图3-3所示。

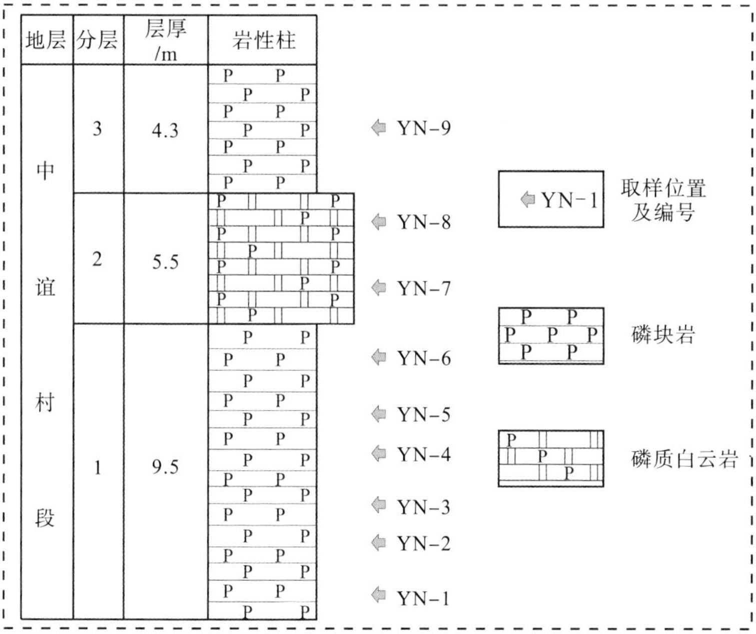

图3-3 云南白龙潭磷矿沉积序列

3.灰黑色薄至中厚层状(单层厚 10～30cm)致密磷块岩夹灰褐色薄层状白云质磷块岩。　　　　　　　　　　　　　　　　　　　　　厚 4.3m

2.深灰色薄层状磷质白云岩,胶磷矿呈砾状、层纹状及不规则状分布,浅灰、灰白色中厚层状粉晶白云岩,下部夹黑白相间层纹构造的黑色硅质条带。厚 5.5m

1.浅灰-深灰色白云质条带致密磷块岩,深灰色薄层状致密磷块岩(单层厚 5～10cm)与浅灰色白云质磷块岩(单层厚 4～12cm)互层。　　　　厚 9.5m

### 2.贵州织金磷矿剖面特征

织金新华戈仲伍组是贵州早寒武世的重要含磷层位。底部为灯影组白云岩,顶部为牛蹄塘组黑色碳质页岩,是一套生物碎屑白云质磷块岩,以富含轻、重稀土元素而著称。普遍具有生物碎屑结构,生物碎屑以小壳类动物化石及藻类化石为主(王砚耕,1984)。含轻、重稀土白云质磷块岩呈灰黑色、深灰-浅灰、灰蓝及灰黄色,常见薄-中厚层状构造、条带状构造,磷块岩以深灰色磷质、生物碎屑及浅色白云质为主。自下而上其矿层沉积层序如图 3-4 所示(贵州省地矿局,1987)。

8.上覆地层:牛蹄塘组(下段)深灰、灰黑色碳质泥岩夹砂岩。　　厚>8.0 m

————————————假整合接触————————————

戈仲伍组:厚 27.0m

7.深灰微带紫色薄-中厚层状白云质生物碎屑磷块岩夹含磷质白云岩,具"人"字形交错层。　　　　　　　　　　　　　　　　　　　　　　　厚 2.1m

6.灰、深灰带棕色薄-中厚层状白云质生物碎屑磷块岩及含磷白云岩,具波状及透镜状层理。　　　　　　　　　　　　　　　　　　　　　　　厚 5.8m

5.灰、深灰带紫色薄-中厚层状含硅质白云质生物碎屑磷块岩与浅灰色磷质生物屑白云岩交替成层,具波状-透镜状层理以及交错层理。　　　厚 5.3m

4.浅紫红色薄-中厚层状白云质生物碎屑磷块岩与浅灰色磷质生物碎屑白云岩交错成层,构成发育的透镜状、波状层理及"人"字形交错层理等。　厚 6.5m

3.浅紫灰色薄层状白云质生物碎屑磷块岩及含藻叠层石生物碎屑磷质白云岩,具水平细纹-微波状层理。　　　　　　　　　　　　　　　　　　厚 0.1m

2.杂色透镜状硅磷质砾屑白云岩,砾屑为白云岩,其次为磷块岩和硅质岩;砾块大小不等,分选较差,排列杂乱。基质很少,为微晶白云岩。　厚 0.4m

————————————假整合接触————————————

1.灯影组:浅灰、深灰色薄层微-细晶白云岩夹浅紫色透镜状含硅质白云质生物碎屑磷质白云岩。　　　　　　　　　　　　　　　　　　　　　厚>13.0m

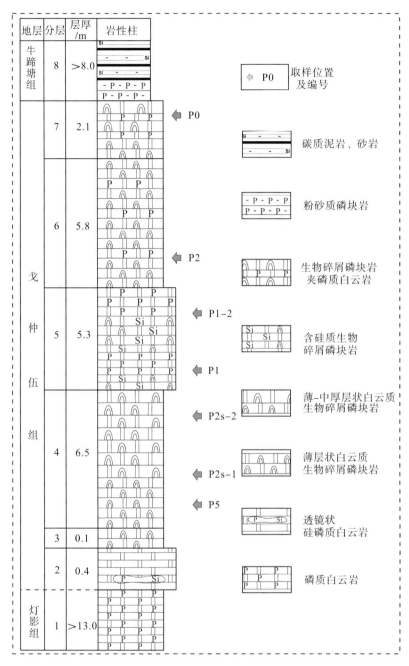

图 3-4 贵州织金新华戈仲伍磷矿沉积序列

**3.贵州金沙含磷岩系剖面特征**

贵州金沙岩孔含磷岩系中主要为白云岩、硅质白云岩、深灰色白云质磷块岩，白云质含量较多，厚 25.6m。自下而上其沉积层序如图 3-5 所示。

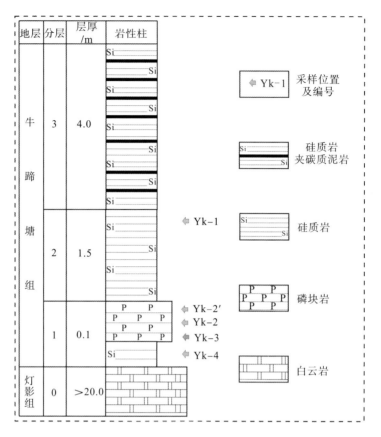

图 3-5　贵州金沙岩孔含磷岩系沉积序列

3.深灰-灰褐色硅质岩夹黑色碳质泥岩。　　　　　　　　　　　　　　　　　　　厚 4.0m

2.深灰-灰褐色硅质岩。　　　　　　　　　　　　　　　　　　　　　　　　　　　厚 1.5m

1.灰褐色硅质岩与浅灰色白云质磷块岩互层。　　　　　　　　　　　　　　　　　厚 0.1m

　　　　　　　　　　　　　　————假整合接触————

0.下覆地层：灯影组浅灰、深灰色薄层含硅质白云质生物碎屑磷质白云岩。

　　　　　　　　　　　　　　　　　　　　　　　　　　　　　　　　　　　　厚＞20.0m

**4.贵州清镇含磷岩系剖面特征**

　　清镇含磷岩系为桃子冲组，主要为含磷硅质岩、含磷白云岩，厚约 21.3m，小壳动物化石及藻类化石丰富。局部见小壳动物磷块岩成透镜体产出，与织金地区磷块岩相比，其最大的特点是水平纹层发育，含磷岩系底部出现饼砾结构(吴祥和等，1999)。自下而上其沉积层序如图 3-6 所示。

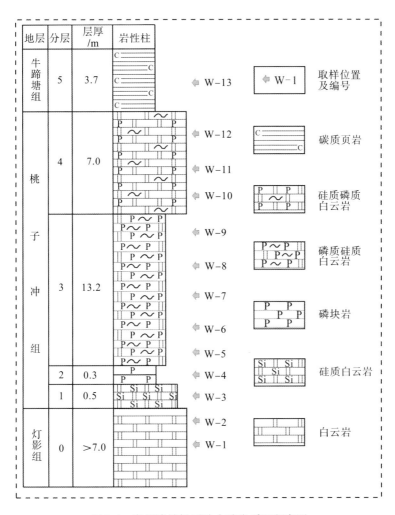

图 3-6　贵州清镇桃子冲含磷岩系沉积序列

5.上覆地层：牛蹄塘组（下段）深灰、灰黑色碳质页岩。　　　　　　厚 3.7m

————————————假整合接触————————————

桃子冲组，厚 21.0 m。

4.深灰色硅质磷质白云岩。　　　　　　　　　　　　　　　　　　厚 7.0m

3.浅灰-深灰色磷质硅质白云岩，硅质含量较高。　　　　　　　　厚 13.2m

2.深灰色白云质磷块岩，含小壳动物化石和藻类化石。　　　　　　厚 0.3m

1.深灰-灰褐色硅质白云岩。　　　　　　　　　　　　　　　　　厚 0.5m

————————————假整合接触————————————

0.灯影组：浅灰、深灰色薄层微-细晶白云岩夹含硅质白云质生物碎屑磷质白云岩。　　　　　　　　　　　　　　　　　　　　　　　　　厚＞7.0m

5.贵州习水含磷岩系剖面特征

习水大岩组中磷块岩较薄，仅 0.3m 左右，主要为生物碎屑白云质磷块岩、磷质白云岩，鲕粒结构发育，含大量的小壳化石和藻类化石。自下而上其沉积层序如图 3-7 所示。

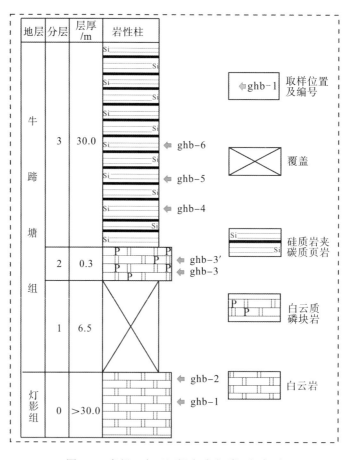

图 3-7　贵州习水干河坝含磷岩系沉积序列

3.深灰-灰褐色硅质岩夹黑色碳质页岩。                                          厚 30.0m
2.深灰色生物碎屑白云质磷块岩。                                              厚 0.3m
1.覆盖。                                                              厚约 6.5m
————————————————————————假整合接触————————————————————————
0.灯影组：浅灰、深灰色薄层白云岩夹含硅质白云质生物碎屑磷质白云岩。

厚＞30.0m

6.贵州遵义含磷岩系剖面特征

遵义松林地区磷矿层较薄，分为两层，厚 0.7m，下部层厚 0.15m，上部层厚 0.55m，为主矿层。两层矿均由黑色硅质凝胶状磷块岩组成，下层磷块岩成透镜体长 20～100m，上层磷块岩较稳定，基本连续，但厚度较薄，约为 0.1m，两层磷块岩间夹黑色含砂质碳质黏土岩(吴祥和等，1999)，本次主要采的是磷矿下层样品，其沉积层序自下而上分为 7 层，如图 3-8 所示。

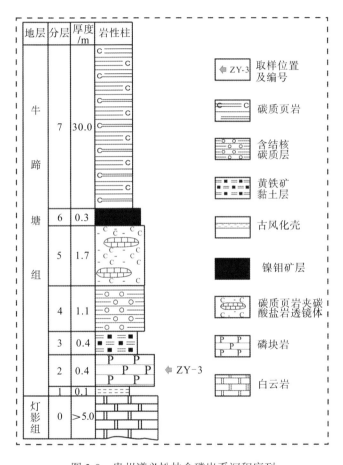

图 3-8　贵州遵义松林含磷岩系沉积序列

7.黑色鳞片状碳质泥岩，呈泥质结构，内部含有少量细小的石英碎屑，局部可见黄铁矿以细晶或微晶的形式呈脉状、小透镜状分布。　　　　　　　　　厚>30.0m

6.层纹状黄铁矿型镍钼矿层，遵义一带一般厚 0.3m。层理较发育，矿体主要以层状、似层状或透镜状分布于黑色碳质岩系中。　　　　　　　　　　　厚 0.3m

5.黑色碳质岩夹层状碳酸盐岩层，该碳酸盐岩以似层状、透镜状分布，单层厚约 50cm。　　　　　　　　　　　　　　　　　　　　　　　　　　　　厚 1.7m

4.含大量透镜状、结核状碳质层。 　　　　　　　　　　　　　　　　厚 1.1m

3.黑色含微晶-细晶黄铁矿泥岩,该层纹层发育,黄铁矿与黑色泥岩互层产出,局部可见少量碳质、磷质小结核。 　　　　　　　　　　　　　　厚 0.4m

2.含砂质磷块岩、磷质白云岩,硅化较强烈,内部含大量次生大气淡水作用形成的渗流豆。 　　　　　　　　　　　　　　　　　　　　　　　厚 0.4m

1.风化壳层,主要为一些土黄色的铁质、黏土质物质。 　　　　　　　　厚 0.1m

…………………………平行不整合…………………………

0.灯影组:灰白色中厚层状白云岩,白云岩有硅化现象,时夹黑色碳质泥岩,内部可见呈脉状、网络状分布的方解石。 　　　　　　　　　　　　　厚>5.0m

**7.贵州开阳含磷岩系剖面特征**

开阳含磷岩系中主要为硅质磷质白云岩、硅质磷块岩及硅质白云岩等,小壳动物化石含量较少,化石保存不完整,水平层理发育,磷质含量低,其沉积层序自下而上如图3-9所示。

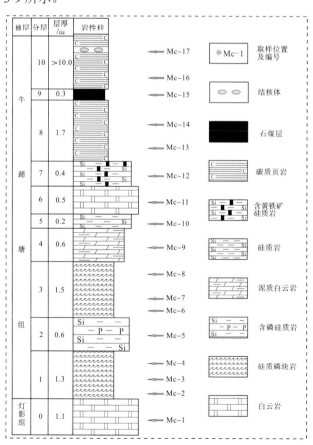

图3-9 贵州开阳含磷岩系沉积序列

10.黑色碳质页岩夹结核体。　　　　　　　　　　　　厚>10.0m

9.黑色石煤层，成层状。　　　　　　　　　　　　　　厚 0.3m

8.黑色碳质页岩。　　　　　　　　　　　　　　　　　厚 1.7m

7.含黄铁矿硅质岩。明显可见一些黄铁矿脉斜穿于硅质岩中。　　厚 0.4m

6.灰-深灰色白云岩。　　　　　　　　　　　　　　　厚 0.5m

5.深灰-灰褐色硅质岩，泥质含量较高。　　　　　　　厚 0.2m

4.浅灰色泥质白云岩，泥质含量较高。　　　　　　　　厚 0.6m

3.深灰-灰褐色硅质磷质岩，磷质含量低，硅质含量较高。　　厚 1.5m

2.灰-深灰色含磷硅质岩，发育水平纹层。　　　　　　厚 0.6m

1.深灰-灰褐色硅质磷块岩，硅质含量较高。　　　　　厚 1.3m

————————假整合接触————————

0.灯影组：浅灰、深灰色薄层白云岩夹含硅质磷块白云岩。　　厚 1.1m

**8.贵州镇远含磷岩系剖面特征**

贵州镇远远口含磷岩系中，其岩性主要为硅质磷块白云岩，硅质含量较高，其沉积层序自下而上如图 3-10 所示。

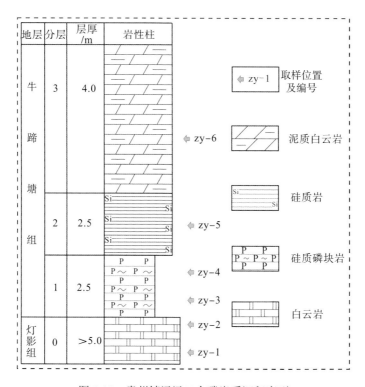

图 3-10　贵州镇远远口含磷岩系沉积序列

3.灰-深灰色泥质白云岩，泥质含量较高。                      厚4.0m

2.深灰-灰褐色硅质岩，泥质含量较高。                       厚2.5m

1.深灰-灰褐色磷质硅质岩、硅质磷块岩。                     厚2.5m

———————————整合接触———————————

0.灯影组：浅灰、深灰色薄层白云岩夹含硅质磷质白云岩。        厚>5.0m

**9.贵州天柱含磷岩系剖面特征**

贵州天柱老屋基含磷岩系中其岩性主要为磷质白云岩、硅质岩、铁质泥岩及黑色碳质页岩夹磷质结核等，其沉积层序自下而上如图3-11所示。

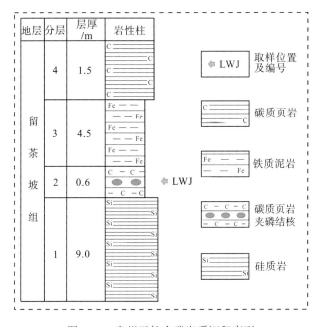

图3-11　贵州天柱含磷岩系沉积序列

4.黑色碳质页岩，未见磷质结核。                        厚1.5m

3.深灰-灰黑色铁质泥岩。                            厚4.5m

2.黑色碳质页岩夹磷质结核，磷结核较小。                  厚0.6m

1.深灰色硅质岩，硅质含量较高。                        厚9.0m

**10.贵州铜仁含磷岩系剖面特征**

贵州铜仁坝黄含磷岩系中，其岩性主要为硅质岩、碳质泥岩、凝灰岩及磷块岩等，其沉积层序自下而上如图3-12所示。

5.黑色碳质页岩，未见磷质结核。                        厚1.5m

4.深灰-灰黑色磷块岩。                             厚0.3m

3.深灰色硅质岩夹凝灰岩，硅质含量较高。　　　　　　　　　　　　　厚 8.5m

2.深灰-灰黑色碳质泥岩。　　　　　　　　　　　　　　　　　　　　厚 0.5m

1.黑色碳质页岩，未见磷质结核。　　　　　　　　　　　　　　　　厚>15.0m

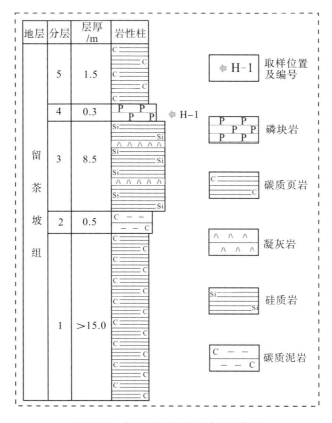

图 3-12　贵州铜仁含磷岩系沉积序列

11.江西上饶含磷岩系剖面特征

江西上饶含磷岩系主要为磷质结核或磷质透镜体，还见有硅质岩透镜体产出，此段岩性主要为黑碳质页岩，含硅质磷块岩结核，含磷质结核等。其沉积特征自下而上分为 3 层，如图 3-13 所示。

3.黑色碳质页岩夹磷质结核，磷结核较大，但结核数量较第一层少。厚 20.0m

2.深灰色硅质透镜体，硅质含量较高。　　　　　　　　　　　　　　厚 1.0m

1.黑色碳质页岩夹磷质结核，磷结核较小，但结核数量较多。　　　　厚 0.5m

12.浙江江山含磷岩系剖面特征

浙江江山含磷岩系沉积特征与江西上饶相似，含磷岩系主要为磷质结核或磷质透镜体产出。其沉积特征自下而上如图 3-14 所示。

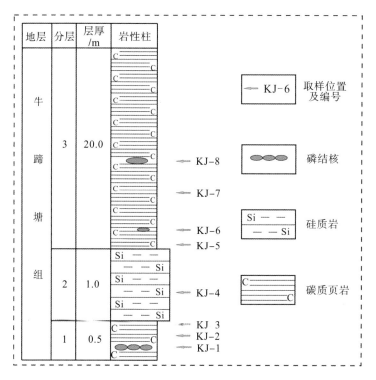

图 3-13　江西上饶含磷岩系沉积序列

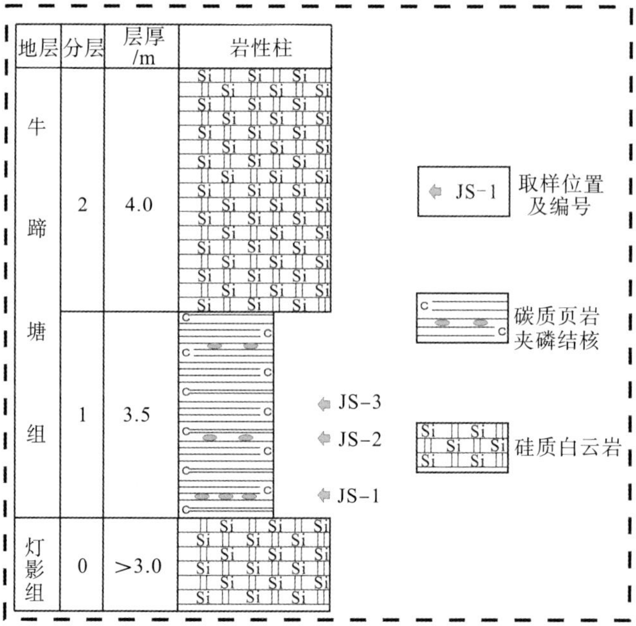

图 3-14　浙江江山含磷岩系沉积序列

2.深灰-灰黑色硅质白云岩，硅质含量较高。　　　　　　　　　　　　厚 4.0m

1.黑色碳质页岩夹磷质结核，磷结核较小，但结核数量较多。　　　　厚 3.5m

————————————假整合接触——————————

0.深灰-灰黑色硅质白云岩，硅质岩厚度较大。　　　　　　　　　　　厚>3.0m

### 13.江苏南京含磷岩系剖面特征

江苏南京幕府山含磷岩系中其岩性主要为深灰色白云岩、硅质白云岩，磷块岩矿体以磷结核为主，但由于沉积环境的差异，此带的磷结核较大，其沉积层序自下而上如图 3-15 所示。

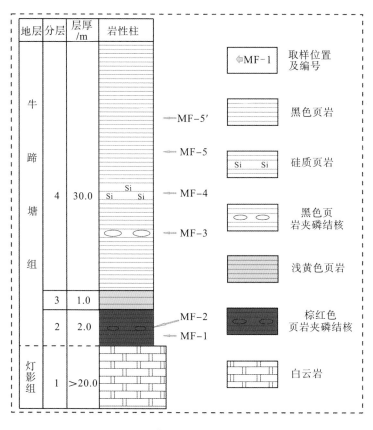

图 3-15　江苏南京含磷岩系沉积序列

3.深灰色、黑色碳质页岩夹磷结核。　　　　　　　　　　　　　　　厚>30.0m

2.浅黄色页岩。　　　　　　　　　　　　　　　　　　　　　　　　厚 1.0m

1.棕红色页岩夹磷质结核，结核较小。　　　　　　　　　　　　　　厚 2.0m

————————————假整合接触——————————

0.浅灰-深灰色白云岩。　　　　　　　　　　　　　　　　　　　　　厚>20.0m

### 3.2.2　含磷岩系地层沉积特征及地层对比

#### 1.含磷岩系地层沉积特征

扬子地块早寒武世梅树村早期的海域由于受古构造和古地形的控制，形成两个不同的沉积区，即扬子西区和扬子东区，扬子西区为陆表海或前陆盆地的碳酸盐岩台地相区，扬子东区为外陆架盆地相区(韩豫川等，2012)。由于受沉积环境的控制，扬子区寒武系底部含磷地层沉积物特征各不相同。韩豫川(2012)根据其岩性、沉积构造等特点，将此时期我国主要的成磷区扬子西区陆表海碳酸盐岩台地相区分为碳酸盐岩-硅质岩-磷块岩、碳酸盐岩-磷块岩、碳酸盐岩、硅质岩-碳酸盐岩及页岩-硅质岩五种建造类型。根据几种建造类型特点，基本可体现扬子区寒武系底部含磷地层有以下沉积特征：

(1)碳酸盐岩-硅质岩-磷块岩建造，此沉积类型主要分布于王家湾-渔户村、雷波-马边及宁强宽川铺等拗陷较深的沉积盆地中。含磷岩系的沉积序列从上到下为白云岩-磷块岩-含磷硅质岩，磷块岩沉积后为一套潮上的白云岩沉积。而在禄劝、会泽及雷波一带大海段上部见有隐晶-粉晶灰岩和瘤状灰岩，岩石发育水平层理，波状层理等，瘤状灰岩含丰富的软舌螺化石(夏学惠，1987)。上述说明，梅树村期扬子地块西区的大部地区海平面有所下降，只在部分拗陷地区沉积了一套较深水的潮下低能的泥晶灰岩和瘤状灰岩。含磷岩系硅质岩位于磷块岩之下成层性较好。原生沉积构造类型单调，以发育水平层理为主要特征，偶见有透镜状层理，小壳动物化石丰富，说明其沉积环境为水动力活动较弱的潮下低能环境。

(2)碳酸盐岩-磷块岩建造，分布于三个沉积拗陷盆地的边缘浅水地带，如晋宁的梅树村、金阳热水河、马边老河坝等地，岩石主要由白云岩和磷块岩组成。在云南昆阳、白龙潭及贵州织金等地，磷块岩类型主要为泥晶、泥晶-隐粒磷块岩、粒屑磷块岩、团粒磷块岩和生物碎屑磷块岩。粒屑磷块岩中的基质有磷质、硅质黏土质及白云质等。在昆阳、白龙潭等地常发育有鲕粒，复鲕粒、环绕鲕核的同心层达20～30圈(王寿松等，1985)。贵州织金磷矿主要为白云质磷块岩和生物碎屑磷块岩，常见生物碎屑呈定向排列造成分带(图版Ⅲ-10)。岩石最常见的层理有水平层理、透镜状层理和波状层理。富含小壳动物化石。从上述特征来看，属于潮坪环境，环境的演化规律从潮下高能带到潮上带。

(3)碳酸盐岩建造，主要分布于聚磷拗陷盆地靠古陆的一侧，碳酸盐岩台地边缘较隆起的地带以及聚磷拗陷盆地之间隆起的部位，主要分布于云南昭觉、贵州习水和宜昌等地，岩性主要为泥晶、微晶白云岩及亮晶砂砾屑白云岩。泥晶白云岩中层纹状构造发育，偶见有小型交错层理，砂砾屑白云岩中见有楔型交错层理。由此可看出，前者是在水动力活动弱的潮下或潮间低能环境中形成的；后者是在水动力活动强的潮下或潮间高能环境中形成的。

（4）硅质岩-碳酸盐岩建造，主要分布在陕南和川北的交界地带，岩性主要为白云岩、灰岩和硅质岩。含小壳动物化石，但分布不均，层理简单，发育水平层理和微波状层理，说明是在水动力活动弱的潮下低能环境中形成的。

（5）页岩-硅质岩建造，主要分布于贵州黔东南天柱、江西上饶、浙江江山、江苏南京等地，岩石主要为薄层状黑色碳质页岩与硅质岩互层，含磷结核，黑色碳质页岩厚度从西向东逐渐变厚。水平层理发育，属水动力活动弱的潮下低能环境。

外陆架盆地相区主要分布于湘中地区，由黑色页岩与硅质岩组成，有些地区以硅质岩为主，如邵东、双峰等地。小壳动物化石稀少。岩石水平层理发育，属浪基面以下的较深水盆地的强还原环境。

**2.含磷岩系地层对比**

扬子区早寒武世时期岩相古地理环境比较复杂，其中贵州早寒武世梅树村期最为复杂，沉积相类型和沉积建造多种多样。云南梅树村期含磷岩系地层主要有筇竹寺组、梅树村组大海段（$Є_1m^3$）、中谊村段（$Є_1m^2$）和小歪头山段（$Є_1m^1$）；贵州此时期含磷岩系地层复杂多样，分别为灯影组大岩段、戈仲伍组、桃子冲组下段、牛蹄塘组、留茶坡组顶部等；江西上饶、浙江江山一带地层为荷塘组及江苏南京幕府山组等。虽然扬子区在各地划分的组别不同，但在各地同时期沉积的含磷岩系特征类似，因而具有较强的可对比性。

根据刘怀仁（1982）对扬子区寒武系底部含磷岩系岩性、生物组合、沉积相、

**表 3-2　扬子区寒武系底部含磷岩系岩石地层对比表**

| 统 | 组 | 云南白龙潭 | 贵州织金-金沙 | | 贵州清镇 | 贵州习水-遵义-镇远-铜仁 | | | 贵州天柱 | | | 江西上饶一浙江江山 | 江苏南京 |
|---|---|---|---|---|---|---|---|---|---|---|---|---|---|
| 下寒武统 | 筇竹寺组 | 大海段 | 明心寺组 | | 牛蹄塘组 | 牛蹄塘组 | 九门冲组 | 木冒组 | 九门冲组 | 木冒组 | 渣拉沟组 | 荷塘组 | 幕府山组 |
| | | | 牛蹄塘组 | | | | | | | | | | |
| | 梅树村组 | 中谊村段 | 大岩段 | 戈仲伍组 | 桃子冲组 | 留茶坡组 | | | 留茶坡组 | | | 荷塘组 | 幕府山组 |
| 上震旦统 | 灯影组 | 小歪头山段 | 灯影组（冒龙井段） | | 灯影组（阿坝寨段） | 灯影组 | | | 留茶坡组 | | | 荷塘组 | 灯影组 |

注：据刘怀仁（1982），韩豫川等（2012），略改

沉积旋回特征分析，韩豫川等(2012)对云南昆阳磷矿及贵州寒武系底部含磷岩系的地层对比，综合获得扬子区寒武系底部含磷岩系地层对比简表(表3-2)。表3-2不仅可以清楚地反映扬子区寒武系底部含磷岩系地层对比特征，而且能为构建此时期地层柱状对比简图提供理论依据。

前人已对扬子区寒武系含磷岩系沉积特征及地层对比作了一定的研究工作，如韩豫川等(2012)对扬子地台下寒武统筇竹寺组下段创建了地层对比图，该图涵盖范围大，针对云南梅树村，贵州织金打麻厂、松桃嗅脑，江西庐山观音堂及浙江江山碓边等大区域含磷岩系作了横向地层对比，该图对作相似的大区域地层对比具有较好的参考价值。吴祥和等(1999)将贵州早寒武世磷矿层作纵向对比，自下而上将贵州含磷岩系分为三层：下层矿(Ⅰ)、上矿层(Ⅱ)、顶部矿层("磷质结核层")(Ⅰ+Ⅱ-欠补偿凝缩沉积成磷作用)，称为三期成磷作用。由此看出，前人对扬子区寒武系含磷岩系地层对比研究仅限于大区域横向或小范围纵向的对比研究，对整个扬子区寒武系底部含磷岩系地层进行横向及纵向综合对比的研究报道较少。

根据吴祥和等(1999)对贵州磷矿沉积的纵向分层，《云南省昆明市东川区白龙潭磷矿资源储量核实报告》(内部资料)对云南白龙潭磷矿沉积的纵向层位划分，韩豫川等(2012)对扬子地台下寒武统筇竹寺组下段创建的地层横向对比图及扬子区寒武系底部含磷岩系地层对比(表3-2)，结合扬子区寒武系底部含磷岩系各层位的特点，综合分析构建出此时期地层柱状对比简图，见图3-16。

从图3-16可看出，云南小歪头山段、贵州织金戈仲伍组底部的砾屑白云岩相当于下寒武统梅树村组，作为成磷期的初始沉积(吴祥和等，1999)，贵州灯影组大岩段与冒龙井段为上下关系，大岩段为梅树村成磷期的沉积，除顶界见侵蚀间断沉积外，可与云南梅树村组中谊村段下段、贵州织金戈仲伍组下段及清镇桃子冲组下段对比，此矿层为下矿层(Ⅰ)；云南梅树村组中谊村段上段、贵州织金戈仲伍组上段及贵州清镇桃子冲组上段与云南梅树村组大海段下段之底界作为成磷期沉积的上界面，此段为上矿层(Ⅱ)；贵州金沙、习水、遵义、开阳、镇远、天柱、铜仁含磷岩系为成磷期台地边缘缓坡侵蚀间断面上的滞留沉积，代表梅树村期含磷岩系整个下部沉积组合段，这些地区的牛蹄塘组、留茶坡组与江西上饶、浙江江山荷塘组及江苏南京幕府山组可对比，为顶部矿层(Ⅰ+Ⅱ-欠补偿凝缩沉积成磷作用)。

## 3.3　小　　结

本章通过对扬子区寒武系底部含磷岩系地层特征及沉积特征分析表明：

(1)扬子区寒武系底部含磷岩系沉积特征为：自下而上显示颗粒由粗变细，层理类型由交错层理、波状层理及粒序状层理转为水平层理，生物屑减少至消失。显示由西向东海水逐渐变深、水动力条件逐渐减弱的沉积环境。

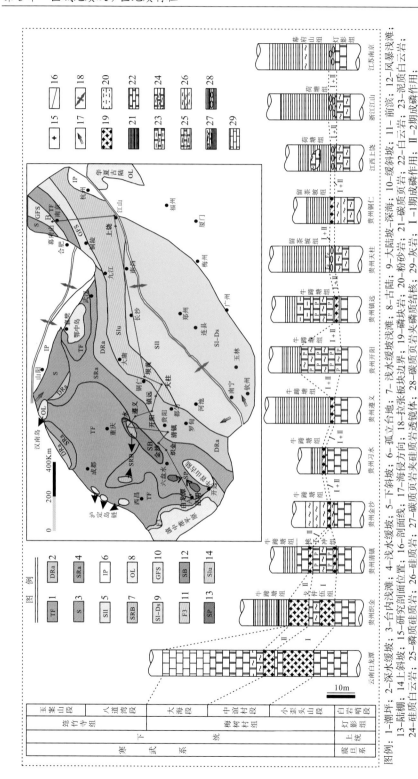

图3-16 扬子区龚武系底部含磷岩系地层柱状对比简图

注：云南白龙草磷矿柱状图缩尺资料据《云南省昆明市东川区白龙草磷矿资源储量核实报告》（内部资料）

图例：1-潮坪；2-深水缓坡；3-台内浅滩；4-浅水缓坡；5-下斜坡；6-孤立台地；7-浅水缓坡浅滩；8-古陆；9-大陆坡-深海；10-缓斜坡；11-前滨；12-风暴浅滩；13-上斜坡；14-白云岩；15-研究剖面位置；16-剖面线；17-海侵方向；18-拉张板块边界；19-磷块岩；20-粉砂岩；21-碳质页岩；22-白云岩；23-泥质白云岩；24-硅质白云岩；25-硅质岩；26-硅质页岩夹硅质透镜体；27-碳质页岩；28-碳质页岩夹硅质结核；29-灰岩；Ⅰ+Ⅱ-火木塘磷沉积成磷作用；Ⅰ-1期成磷作用；Ⅱ-2期成磷作用

(2)扬子区早寒武世含磷岩系为紧接晚震旦世灯影期碳酸盐台地沉积之后的沉积,二者间连续过渡,中谊村段与八道湾段间,在川滇一带为侵蚀间断,黔东以东逐渐过渡为连续沉积。即其沉积特征为:西部(川、滇、黔)主要岩性为碳酸盐岩、硅质岩、磷块岩及部分粉砂质黏土岩;东部(黔东、湘、鄂、皖、浙)为硅质岩、碳质页岩、结核状磷块岩;东西岩性呈逐渐过渡的关系。

(3)根据扬子区寒武系底部含磷岩系地层对比表(表3-2)及地层柱状对比简图(图3-16)可知,云南梅树村组中谊村段下段、贵州织金戈仲伍组下段及贵州清镇桃子冲组下段含磷岩系为下矿层(Ⅰ);云南梅树村组中谊村段上段、贵州织金戈仲伍组上段及贵州清镇桃子冲组上段含磷岩系为上矿层(Ⅱ);贵州金沙、习水、遵义、开阳、镇远等地牛蹄塘组,贵州天柱、铜仁留茶坡组与江西上饶、浙江江山荷塘组及江苏南京幕府山组含磷岩系为顶部矿层(Ⅰ+Ⅱ-欠补偿凝缩沉积成磷作用)。

# 第4章 扬子区寒武系底部含磷岩系沉积特征及沉积模式

扬子区寒武系底部含磷岩系主要分布在梅树村期,少量分布在筇竹寺期和沧浪铺期,本书主要研究的成磷期古地理是梅树村期(图4-1)。

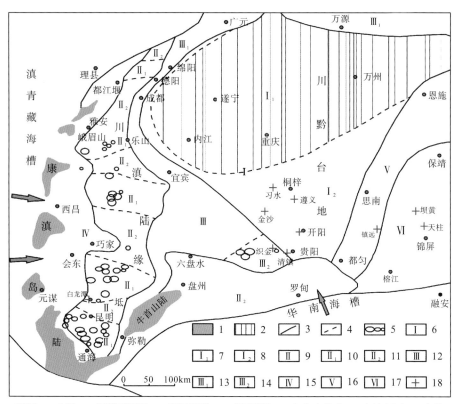

图例:1-古陆;2-沉积剥蚀区;3-相区界限;4-亚相界限;5-大中小磷矿;6-台地相区;7-台地岩、白云岩亚相;8-台地硅质岩、白云岩亚相;9-水下台地相区;10-台地白云岩、泥磷块岩亚相;11-台地白云岩、泥岩亚相;12-浅海盆地相区;13-浅海盆地白云岩、泥岩、硅质岩亚相;14-浅海盆地泥岩、磷块岩、硅质岩亚相;15-陆缘浅海潮坪白云岩、泥岩相区;16-内陆棚泥岩、硅质岩、白云岩相区; 17-外陆棚硅质岩、泥岩相区;18-取样点

图4-1 扬子地块早寒武世梅树村期沉积古地理图(据东野脉兴,1996,有修改)

扬子地区梅树村期形成了一系列的磷矿,主要分布在康滇列岛的东侧,呈明显的方向性展布,沿着扬子地块西缘形成一条长约800km,宽40~60km的南北

向成矿带(韩豫川等, 2012), 包括云南昆阳、东川, 四川雷波、马边、峨眉山, 贵州织金等, 形成 5 个成磷区, 即王家湾-渔户村区、东川-德泽区、织金区、峨眉山区、雷波-马边区。这些成磷区严格受古地理的控制, 属于水动力较强的浅水环境, 生物繁盛, 由于水动力扰动, 加上生物富集, 容易使磷富集, 而水动力相对弱的浅水洼地形成的含磷岩系厚度大, 但磷含量较低。因此, 扬子区寒武系底部梅树村期磷矿成矿明显受古地理环境的控制, 在对磷块岩中元素分异、稀土富集研究之前, 了解扬子区沉积古地理尤为重要。

扬子地块西区的碳酸盐岩台地, 自滇东向北和东北方向出现了三个较明显的沉积中心, 由南往北依次为王家湾-梅树村、东川-德泽及永善-雷波等沉积拗陷盆地, 本次研究的云南白龙潭磷矿就位于东川-德泽拗陷盆地中。东川-德泽及永善-雷波沉积拗陷盆地的沉降幅度均大于 200m, 由于存在特殊的地理环境, 易在此形成大规模的磷矿。

在扬子地块的川中地区, 大面积的露头为中新生界地层, 根据周围的露头区梅树村早期等厚线趋势判断, 该区是处在水下地形较平坦的浅水台地, 沉积拗陷盆地的沉降幅度均小于 20m, 而在川西南地区, 地理位置位于康滇古陆(古岛链)和川黔碳酸盐岩台地之间的海湾潮坪环境中, 加上盆地内部次一级隆起-拗陷差异而形成潮下海湾、潮下浅滩及潮间坪环境, 是形成大型磷矿的极佳环境(韩豫川等, 2012)。

贵州下寒武统梅树村期古地理条件最为复杂, 根据前人的研究成果(叶连俊, 1989, 1998; 吴祥和等, 1999; 韩豫川等, 2012), 结合贵州含磷岩系沉积特征, 重点将贵州寒武系底部梅树村期沉积古地理、沉积微相叙述如下。

# 4.1 沉积环境及沉积相

## 4.1.1 浅滩-淹没台地相

根据沉积结构构造特征、生物含量、岩石组合序列等将其划分为磷质生物碎屑浅滩、磷质生物碎屑滩缘相、磷质生物碎屑滩前塌积相、含磷淹没台地相四个微相, 分述如下。

### 1.磷质生物碎屑浅滩

磷质生物碎屑浅滩主要见于贵州织金戈仲伍、打麻厂、杜家桥等地的含磷岩系下段。底部为不稳定的磷质角砾岩层, 其中磷块岩角砾向上有增多的趋势, 属潮道滞留沉积, 其上为薄至中厚层状含磷质生物屑细晶白云岩和薄层状白云质生物屑砂屑磷块岩及含磷白云质生物屑磷块岩组成的交替沉积, 局部含有少量角砾或砾屑, 发育透镜状、波状层理及双向交错层理。白云质生物碎屑磷块岩的碎屑排列一般较为杂乱, 但管壳类生物化石的排列有一定的定向排列趋势, 这种定向排列指示了水体流动的方向。由于磷质颗粒与白云石颗粒分布不均匀，由铁质粉点集合形成线纹状或生物屑及磷质碎屑平行层理呈定向排列，形成纹层-条带状构造。纵观层系沉积特征，反映出了强烈潮汐作用下形成的一种生物碎屑滩。随着水体逐渐加深，潮汐作用经历了由强至弱直至完全消失的演变。据矿产普查资料，该生物碎屑滩在织金戈仲伍及其东北部的果化、佳垮-大夏一带最为发育，一般厚达 9～24m（局部有尖灭现象），由此向东南方向至毛稗冲一带及向西南至五指山一带皆变为滩前塌积相沉积，向西至大院一带已是滩后潟湖沉积。滩体延伸长度据推测应大于 70km。南东-北西之宽度应介于毛稗冲和大院之间，约为 40km（吴祥和等，1999）。

### 2.磷质生物碎屑滩缘相

此相见于贵州金沙岳家寨至岩孔一带含磷岩系下段。在贵州金沙岳家寨一带，该相带厚只有 1.19m，由下部磷块岩及上部白云岩组成，是由细砂级含磷碎屑颗粒，伴有少量粉晶白云石及星散状黄铁矿和小壳类生物碎屑共同构成的砂屑磷块岩，侧向变为含磷白云岩。在磷块岩的顶部覆盖有厚 5～9cm 的含磷碎屑状黏土岩。白云岩很不稳定，有时为砂质白云岩，有时又变为含磷硅质白云岩，内含较多黄铁矿晶粒及少量黏土，尖灭处被 10cm 厚的铁质砂质风化壳型黏土取代。

向东至金沙岩孔一带，下部的磷块岩段较厚，其结构自下而上由砂屑向凝胶状变化；上部的白云岩段则变为深灰、灰黑色富碳质的水云母黏土岩、含黑色凝胶状磷块岩砾屑以及角砾的碎屑状含黄铁矿水云母黏土岩，但结构不稳定，未发现生物碎屑（吴祥和等，1999）。

本类沉积的特点是：沉积薄且不稳定，具碎屑颗粒结构，潮汐作用的痕迹不很明显，且有由下而上、由西向东其颗粒渐细，生物碎屑渐少乃至消失的变化趋势，显示了生物碎屑滩缘的沉积特征，揭示了滩的主体应在岳家寨一带的西侧。成磷作用虽不及滩的中心地带，但也可形成中型规模的磷块岩矿床（如金沙岩孔）。

### 3.磷质生物碎屑滩前塌积相

此相见于贵州织金毛稗冲、五指山及习水大岩等地，主要发育在含磷岩系下段或近底部，为角砾状及碎屑状磷块岩、白云岩及少量硅质岩和黏土岩的混杂沉积，厚 1～15m，变化较大。

在织金毛稗冲及五指山等地，塌积角砾岩十分发育，几乎贯穿整个含磷岩系下段。角砾成分以硅质、白云质砂屑生物屑磷块岩为主，局部伴有少量的含磷砂屑生物屑白云岩及含磷、含硅质黏土岩和硅质岩的角砾，大小混杂，但总体上显示细-粗-更细的粒度变化；有的角砾边缘还见有撕裂现象（塑性变形）。富含小壳类化石，尤以五指山一带最为发育，化石个体特大。这些塌积物无疑来源于戈仲伍地区的生物碎屑滩。

在习水大岩一带的含磷岩系底部为深灰-灰黑色白云质砂屑磷块岩,含有丰富的小壳类化石及浅色粉晶白云岩条带和小团块,表明该地区梅树村期之初可能处于生物碎屑滩边缘部位。其上为塌积角砾岩层,角砾成分以含磷粉晶白云岩为主,其次为灰黑色白云质碎屑状磷块岩,含丰富的小壳类动物化石。角砾小者为 1cm×1cm～2cm×2cm,大者为 15cm×47cm～19cm×84cm,长轴大致顺层,个别出现交错层理,混杂出现,分布疏密不均,密集时砾间仅见少量钙质物皮壳,稀疏时则很少,甚至全为含磷粉晶白云岩,表现出了塌积的特征。习水大岩地区初始为滩缘沉积,继之演变为滩前塌积,这说明水体是逐渐加深的,可能因滩前斜坡较缓,致使塌积角砾岩不甚发育。塌积角砾岩之上为一套微至细晶白云岩,因后期硅化和重结晶作用的影响,岩层原生沉积构造不够清楚,这可能又转为不含磷的滩缘碳酸盐沉积,之后海平面突然下降,造成水下沉积间断,发生淡水淋漓硅化作用(吴祥和等,1999)。

4.含磷淹没台地相

在浅滩向海一侧的贵州清镇、开阳一带,含磷岩系下段的沉积物主要由薄层状硅质岩、含磷硅质岩及少量碳质页岩、极薄层状硅质白云岩和硅质砾屑磷块岩构成,厚 1.2～4.62m。硅质岩及含磷硅质岩发育水平细纹层,含软舌螺和海绵类化石及少量生物碎屑和星散状黄铁矿,并见间歇搅动形成的饼状砾(贵州省地矿局,1987),说明这一套沉积物是在潮下较为安静但同时又有间歇振荡的浅水环境中形成的。在贵州江口闵孝一带,含磷岩系下段为薄至中厚层状细粒白云质石英砂岩,夹少量碳质黏土页岩,含较多星散状黄铁矿,但未见磷块岩及生物化石。由于岩石后期硅化强烈,沉积特征不易辨认,可能为近滨靠滨外砂坝之类的沉积(吴祥和等,1999)。

## 4.1.2　陆棚相

1.磷质缓坡滑塌相

磷质缓坡滑塌相主要分布于贵州铜仁、万山一带及遵义、余庆等地。在铜仁坝黄地区表现为含铀和重稀土元素的滑塌角砾磷块岩,砾间一般无填隙物存在,偶见少量碳质黏土岩。角砾大小混杂,排列无序,在上部的角砾状钙质磷块岩中,局部含有高碳质黏土岩和磷块岩结核。在万山阳桥一带,滑塌沉积厚 2.7～3.1m,由硅质磷块岩构成的滑塌角砾岩中,夹有硅质岩滑塌体,长轴顺层展布。在遵义松林新土沟一带,在水下侵蚀间断面上见有滞留角砾岩,未见滑塌沉积。

磷质缓坡滑塌相由于滑塌作用的影响,沉积物分布不均,所以该相应是寻找磷块岩矿床较有希望的类型之一。

2.(外)陆棚边缘欠补偿盆地相

此相大致分布于贵州天柱—榕江连线的南东区域及江西上饶、浙江江山及江苏南京等地。在贵州黎平肇兴，含磷岩系下段为灰黑色薄层状(薄板状)硅质岩夹叶片状黑色黏土岩，含磷块岩结核及磷质细纹层；上段为黑色碳质页岩。贵州天柱、江西上饶及浙江江山等地的含磷岩系主要为薄层状的硅质岩和碳硅质岩，在黑色黏土岩中含磷胶状磷块岩结核或小扁豆体，并富含钒和铀元素，在浙江江山及江苏南京一带沉积厚度较大，在本相区由于实际资料不多，从沉积物特征分析，应是先期盆地相的演变。由于海平面进一步上升，成为欠补偿环境。

## 4.1.3　沉积相展布格局和古地理特征

扬子区晚震旦世晚期的碳酸盐台地，进入早寒武世早期即渐被淹没，但覆水较浅，一般沉积为含磷淹没台地相(图 4-2)。同时分散见有以碳酸盐及磷酸盐沉积为特色的生物碎屑滩及其相关的相类型(吴祥和等，1999)。云南白龙潭及织金戈仲伍一带显然为生物碎屑滩相，其北面至大院一带为滩后潟湖相，其东南边部毛稗冲及西南端五指山附近则发育了滩前塌积相。在金沙地区，也存在一个生物碎屑滩，但仅于岳家寨红岩沟至岩孔一带见到滩缘相，分析其滩体应该是向西延展。此外，习水地区似还应有一个生物碎屑滩，这是由大岩一带的滩前塌积相推导出来的。这三个生物碎屑滩是否部分相连或全部连结为一体，因中间部分地带掩盖而难以确定。淹没台地的南东，大致以江口—印江—务川—遵义—瓮安之间的连线为界，贵州境内均为陆棚环境，其中又以天柱—榕江连线为界，西北侧为台地边缘缓坡-陆坡及东南侧为(外)陆棚边缘盆地两个亚环境(图 4-2)，前者发育有磷质缓坡滑塌相、磷质缓坡-陆坡相及镍、钼、钒磷质滞积相等三种沉积类型，后者则为(外)陆棚边缘欠补偿盆地相类。

根据扬子区早寒武世早期的沉积相特征，可以很清晰地勾画出这一时期的古地理格局，毫无疑问，这个格局与前期有着极大的相似性，只是碳酸盐台地演变为淹没台地；贵州遵义、湄潭地区已变为台地边缘缓坡，原斜坡区成为台地边缘缓坡-陆坡，而盆地区则成为(外)陆棚边缘盆地，呈现西北高、向东南逐渐倾斜的地势。当海平面上升时，富磷质的洋流从东南大洋涌向陆棚区，在扬子区境东北部的贵州台江—黄平—余庆—湄潭—遵义一带，淹没台地边缘缓坡-陆坡历程较长，造成了磷酸盐分散沉积的局面，对磷块岩矿床的形成颇为不利。相反，在贵州万山—铜仁—松桃一带，淹没台地之边缘缓坡-陆坡地带较为狭窄，磷质相对较为集中，为磷的沉积提供了有利条件，如铜仁坝黄、松桃道水等地，都有中型磷块岩矿床生成。在贵州天柱、江西上饶及浙江江山等地的含磷岩系主要以磷块岩结核存在。而最为有利的当然是云南白龙潭、贵州织金地区，这些地方濒临淹没台地边缘，又有浅滩存在，其东南侧的缓坡-陆坡地带覆水又相对较深，这就构成了大量磷质被带到浅滩区沉积的有利条件(吴祥和等，1999)，从而易形成大规模的磷块岩矿床。

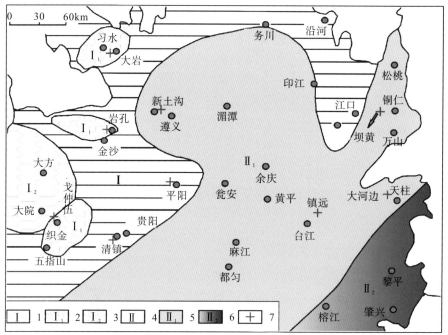

图例：1-淹没台地;2-生物碎屑滩;3-滩后潟湖;4-陆棚;5-台地边缘缓坡;6-(外)陆棚边缘盆地;
　　　 7-采样位置

图4-2　贵州省早寒武世早期岩相古地理图(据吴祥和等，1999，有修改)

## 4.2　沉　积　模　式

### 4.2.1　沉积背景

早寒武世是中国南方岩相古地理发展史上一个重要阶段，是在晚震旦世灯影期海退后又一次海侵背景下产生的沉积，主要是由碳酸盐岩、磷块岩及硅质岩组成的扬子缓坡相，上扬子区南部因受川滇拗陷中深大断裂的控制，已有研究成果证明扬子区沉积相由西南的古陆向东为近岸潮坪-浅水缓坡(含磷酸盐岩碳酸盐缓坡)-深水缓坡(含磷结核硅质岩缓坡)到陆坡深水盆地交替的格局构成(图4-3)。岩石主要有白云岩、磷块岩、硅质及泥岩，发育小壳动物化石，属于上扬子浅海环境。因为该区处于低纬度地区，海侵及上升洋流作用使梅树村期成为我国重要的成磷期，构成了我国最大的磷矿成矿带。其中典型的磷矿有云南的白龙潭磷矿、贵州的织金磷矿等，磷块岩与白云岩密切共生，这些都是低纬度半干旱气候的产物；往东部的贵州镇远远口、贵州铜仁坝黄、江西上饶、浙江江山等地含磷岩性主要为黑色黏土岩、含硅质磷块岩结核及含磷质结核等，具上斜坡相特征；南京幕府山一带与梅树村期层位相当，岩石主要为泥状白云岩及含磷结核硅质岩，具缓斜坡相特征。

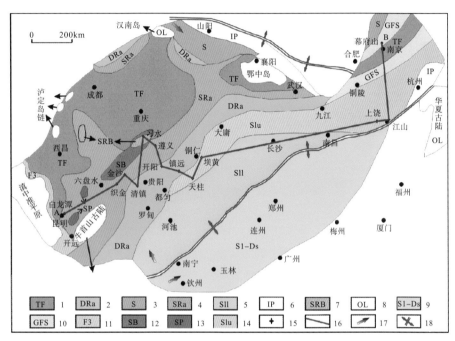

图例：1-潮坪；2-深水缓坡；3-台内浅滩；4-浅水缓坡；5-下斜坡；6-孤立台地；7-浅水缓坡浅滩；8-古陆；9-大陆坡-深海；10-缓坡；11-前滨；12-风暴浅滩；13-陆棚；14-上斜坡；15-研究剖面位置；16-剖面线；17-海侵方向；18-拉张板块边界

图 4-3  中国南方早寒武世梅树村期岩相古地理图(据蒲心纯等，1993，有简化)

## 4.2.2  沉积模式特征

扬子区寒武系底部含磷岩系主要由以白云质含稀土磷块岩为主的磷块岩及磷结核组成，形成西厚东薄的沉积特征，自西向东其沉积模式如图 4-4 所示。

西部的云南白龙潭磷矿，厚约 58.74m。含磷层很厚，其形成环境属于靠近潮坪的浅水缓坡的半局限拗陷盆地环境，因为这些地区水体较浅且搅动能量大，易使矿石中的泥质、白云质等杂质被冲洗掉，从而形成优质磷块岩矿床。因此磷块岩矿床的形成受环境的控制(韩豫川等，2012)。

往东部贵州织金含稀土磷矿矿床，厚约 11.3m。从沉积特征、生物组成分析，织金戈仲伍组磷块岩形成于浅水缓坡环境，但水深较云南深。

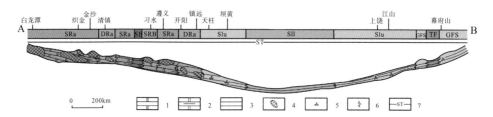

图例：1-白云岩；2-泥质白云岩；3-页岩-硅质岩；4-磷矿；5-磷结核；6-相变线；7-海平面；其他图例同图 4-3

图 4-4 　中国南方早寒武世梅树村期沉积模式图(陈吉艳等，2013)

金沙含磷岩系中主要为白云岩，硅质白云岩和深灰色白云质磷块岩，白云质含量较多，厚约 7m。从沉积特征、生物组成分析，磷块岩形成环境与织金相同，属于浅水缓坡环境。

清镇含磷岩系为桃子冲组，主要为含磷硅质岩、含磷白云岩，厚约 21.3m，小壳动物化石及藻类化石丰富。局部小壳动物磷块岩成透镜体产出，几乎由小壳化石组成。与织金地区磷块岩相比，其最大的特点是水平纹层发育，含大量的小壳动物化石和藻类化石。从沉积结构、化石组成分析，清镇桃子冲组属于深水缓坡环境。

习水大岩组中磷块岩较薄，仅 0.3m 左右，主要为白云质生物碎屑磷块岩、磷质白云岩，鲕粒结构发育，含大量的小壳化石和藻类化石。从沉积结构、化石组成分析，习水大岩组形成环境属于浅水缓坡浅滩环境。

遵义松林地区磷矿有两层，厚 0.7m，下部层厚 0.15m，上部层厚 0.55m，为主矿层。两层矿均由黑色硅质凝胶状磷块岩组成，下层磷块岩成透镜体长 20～100m，上层磷块岩较稳定，基本连续，但厚度较薄(约为 0.5m)，两层磷块岩间夹黑色含砂质碳质黏土岩(吴祥和等，1999)。从沉积结构、岩石特征分析，遵义松林磷块岩属于浅水缓坡环境，与织金、习水磷矿为同一沉积环境。

开阳含磷岩系中主要为硅质磷质白云岩、硅质白云岩，小壳动物化石含量较少，化石保存不完整，水平层理发育，磷质含量低，厚约 5m。其形成环境为深水缓坡环境，但水体更深。

贵州镇远远口含磷岩系中主要为硅质磷质白云岩，其形成环境类似于开阳的深水缓坡环境，但水体较开阳更深。

向东部、东北部的寒武系底部含磷层越来越薄，磷矿呈结核状分布，如贵州天柱老屋基、铜仁坝黄，江西上饶，浙江江山等地，含磷层均为磷质结核或磷质透镜体。此段岩性主要为黑色黏土岩、含硅质磷块岩结核、含磷质结核等。自上而下分为两层：上矿层主要为磷块岩结核呈卵状、球状，局部为透镜状，存在于黑色黏土岩中。区域上由西向东，由北向南磷结核有变小减少的趋势(图 4-3)，其相应的含磷结核层也变薄。下矿层主要以角砾状致密状钙质磷块岩为主，夹有少量的硅质岩角砾，局部夹有黑色黏土岩。从磷结核沉积结构、岩石特征上分析，此带形成环境属于水体较深的上斜坡环境。

南京幕府山含磷岩系中其岩性主要为深灰色白云岩、硅质白云岩，磷块岩矿体以磷结核为主，但由于沉积环境的差异，此带的磷结核较大，形成环境属于水体较浅缓斜坡环境。

## 4.3　小　　结

本章通过对扬子区寒武系底部含磷岩系沉积特征分析研究，得到以下认识：

(1)从西向东含磷层厚度呈逐渐变薄的趋势，西部云南白龙潭磷矿规模最大，其次为贵州织金磷矿，向东部、东北部含磷层越来越薄，磷矿呈结核状分布，如贵州天柱老屋基、铜仁坝黄，江西上饶，浙江江山等地，含磷层均为磷质结核或磷质透镜体。

(2)由于沉积环境的差异，我国南方早寒武世梅树村期磷矿成矿规模各有不同，在相同的沉积相区中，虽然形成的磷矿规模大小不同，但磷矿的特征大体相同，说明我国南方早寒武世梅树村期是重要的成磷期，只要沉积古地理条件合适就可以形成磷块岩。

(3)磷块岩分布受到沉积微相的严格控制，浅水高能扰动和生物繁盛的环境有利于形成高品位的磷块岩；而水动力较弱的浅水潟湖、潮坪、浅水洼地等环境，形成含磷岩系厚度大，但含磷较低；水体较深的斜坡环境、盆地环境成磷环境差，只沉积磷质结核。

# 第5章　扬子区寒武系底部含磷岩系元素地球化学特征

对寒武系底部含磷岩系的元素地球化学研究，国内外学者已经做了大量的工作，他们主要是对磷块岩中的常量元素、稀土元素、微量元素及同位素等进行研究，从不同方面研究磷块岩的沉积环境(包括磷质来源、古气候、古海水的氧化-还原条件等)、元素的分布特征及磷块岩中伴生稀土矿物的赋存状态等(崔克信等，1987；姚超美等，1994；Fakhry et al.，1998；Shields et al.，2001；张杰等，2004b；陈吉艳等，2010；杨帆等，2011)，取得了较为丰硕的成果，在磷块岩的沉积环境方面观点基本趋于一致，争议较少，但对磷块岩中稀土元素的分布特征及影响稀土元素沉积的环境控制因素方面的研究较少。

本次研究共选取了扬子区十三个剖面的寒武系底部含磷岩系的典型样品作常量、稀土及微量元素地球化学分析，以探讨扬子区含磷岩系磷质物质从深海到浅海区 $P_2O_5$ 的变化规律、微量及稀土元素的分布情况，了解在洋流上升的背景下，元素的分异特征，重点对贵州境内不同环境(深海、陆棚、浅海滨岸、潟湖环境)中含磷岩系的稀土元素组成进行研究，分析不同环境下沉积的磷块岩中稀土分布特征，确定有利的稀土富集成磷环境。根据分析与含磷层密切相关的 V、Mo、Ni、U 等微量元素的富集情况，从含磷岩系中的微量元素分布特征方面探讨含磷岩系形成时水体的氧化还原环境。

## 5.1　样　品　特　征

样品分别在云南白龙潭，贵州织金、金沙、清镇、习水、遵义、开阳、镇远、天柱、铜仁，江西上饶，浙江江山及江苏南京等地采集(表5-1)。

扬子区寒武底部含磷岩系主要产出于灯影组白云岩之上，牛蹄塘组黑色页岩之下的一套以白云质含稀土磷块岩为主的磷块岩及磷结核组合。磷块岩及磷结核的主要矿物成分为碳氟磷灰石、胶磷矿等，伴生矿物为白云石、石英、黏土矿物及玉髓等，见少量黄铁矿、白铁矿、闪锌矿等。

西部云南早寒武世梅树村早期磷块岩主要为白云质条带状磷块岩(图版 I -1)，顶部为牛蹄塘组黑色碳质页岩，分界明显(图版 I -2)。其中下寒武统梅树村组($\epsilon_1m$)是白龙潭磷矿的主要含磷地层，其岩性为深灰色薄层状含磷白云岩、

表 5-1　扬子区寒武系底部含磷岩系磷矿矿石样品特征表

| 样品号 | 地点 | 样品名称 | 样品特征 |
|---|---|---|---|
| YN-5 | 云南白龙潭 | 磷块岩 | 深灰色中厚层状瘤状灰岩夹灰色薄层状含泥白云质灰岩、深灰色薄层状含磷白云岩，胶磷矿及浅灰、灰白色中厚层状粉晶白云岩 |
| YN-6 | 云南白龙潭 | 磷块岩 | |
| P1 | 贵州织金 | 含稀土氧化矿矿石 | 薄-中厚层构造，以深色磷质及浅色白云质为主构成条带状构造 |
| P1-2 | 贵州织金 | 含稀土硅质磷块岩 | 生物碎屑磷块岩为主，中间含有纹层状磷质白云岩，岩石由下到上逐渐变粗，小壳动物化石较少，化石不完整，以生物碎屑为主 |
| P2 | 贵州织金 | 含稀土硅质磷块岩 | |
| P5 | 贵州织金 | 含稀土白云质磷块岩 | 见薄-中厚层构造，以深色磷质及浅色白云质为主构成条带状构造，下部由细晶含磷白云岩夹薄层状泥岩组成，小壳动物化石不完整，以生物碎屑为主；上部为纹层状磷块岩及条带状磷块岩，小壳动物化石不完整，以生物碎屑为主 |
| P2s-1 | 贵州织金 | 含稀土白云质磷块岩 | |
| P2s-2 | 贵州织金 | 含稀土白云质磷块岩 | |
| YK-2 | 贵州金沙 | 磷块岩 | 深灰色白云质磷块岩，白云质含量较多 |
| YK-2′ | 贵州金沙 | 磷块岩 | |
| W-1 | 贵州清镇 | 磷质硅质白云岩 | 小壳动物化石及藻类化石丰富。局部小壳动物磷块岩成透镜体产出，几乎由小壳化石组成，水平纹层发育，含磷岩系底部出现饼砾结构 |
| W-4 | 贵州清镇 | 磷块岩 | 深灰色白云质磷块岩，磷块岩厚度较薄 |
| W-5 | 贵州清镇 | 磷质硅质白云岩 | 小壳动物化石及藻类化石丰富。局部小壳动物磷块岩成透镜体产出，几乎由小壳化石组成，水平纹层发育 |
| W-6 | 贵州清镇 | 磷质硅质白云岩 | |
| W-7 | 贵州清镇 | 磷质硅质白云岩 | |
| W-8 | 贵州清镇 | 磷质硅质白云岩 | |
| W-9 | 贵州清镇 | 磷质硅质白云岩 | |
| W-10 | 贵州清镇 | 磷质硅质白云岩 | |
| W-11 | 贵州清镇 | 磷质硅质白云岩 | |
| W-12 | 贵州清镇 | 磷质硅质白云岩 | |
| W-13 | 贵州清镇 | 磷质硅质白云岩 | |
| ghb-3 | 贵州习水 | 磷块岩 | 白云质生物碎屑磷块岩、磷质白云岩，鲕粒结构发育，含大量的小壳化石和藻类化石 |
| ZY-3 | 贵州遵义 | 磷块岩 | 黑色硅质凝胶状磷块岩 |
| MC-2 | 贵州开阳 | 硅质磷质白云岩 | 硅质磷质白云岩、硅质白云岩，小壳动物化石含量较少，化石保存不完整，水平层理发育，磷质含量低 |
| MC-3 | 贵州开阳 | 硅质磷质白云岩 | |
| MC-4 | 贵州开阳 | 硅质磷质白云岩 | |
| MC-5 | 贵州开阳 | 硅质磷质白云岩 | |
| MC-6 | 贵州开阳 | 硅质磷质白云岩 | |
| MC-7 | 贵州开阳 | 硅质磷质白云岩 | |
| MC-9 | 贵州开阳 | 硅质磷质白云岩 | |
| MC-10 | 贵州开阳 | 硅质磷质白云岩 | |
| ZY | 贵州镇远 | 硅质磷质白云岩 | |

| 样品号 | 地点 | 样品名称 | 样品特征 |
|---|---|---|---|
| LWJ | 贵州天柱 | 磷质结核 | 主要为磷块岩结核呈卵状、球状，局部为透镜状，存在于黑色黏土岩中 |
| H-28 | 贵州铜仁 | 磷质结核 | |
| KJ-1 | 江西上饶 | 磷质结核 | |
| KJ-4 | 江西上饶 | 磷质结核 | |
| JS-2 | 浙江江山 | 磷质结核 | |
| JS-3 | 浙江江山 | 磷质结核 | |
| MF-3 | 江苏南京 | 磷质结核 | 深灰色白云岩、硅质白云岩，磷块岩矿体以磷结核为主 |
| MF-5 | 江苏南京 | 磷质结核 | |

深灰色薄层状致密磷块岩及灰黑色薄层状磷块岩，灰白色薄层状白云岩、白色薄层状白云岩夹黑色燧石条纹，含磷层很厚(图版Ⅰ-3、4)。

往东部贵州织金含稀土磷块岩呈灰黑、深灰-浅灰及灰黄色，常见薄-中层构造，以深色磷质及浅色白云质为主构成条带状构造。在织金戈仲伍剖面，磷块岩顶部为牛蹄塘组黑色碳质页岩(图版Ⅰ-5)，在五指山剖面，底部为灯影组灰白色白云岩，顶部为灰黑色白云质磷块岩，接触界限清楚(图版Ⅰ-6)。标本样品显示出含稀土白云质磷块岩呈条带状构造，且条带特征明显。早寒武世是形成磷矿的重要时期，也是藻类生物大发展时期，织金含稀土磷块岩中大量生物屑主要为小壳动物化石，如织金壳、软舌螺及海绵骨针(图版Ⅲ-1~14)等，还见藻类生物屑，镜下见生物屑堆积与胶磷矿、白云石组成呈互层状、层纹状、条带状构造(图版Ⅲ-10、13)，部分样品硅质含量较高，还见一些浑圆状的岩屑，圆度较好(图版Ⅲ-11)。织金新华戈仲伍剖面介于下震旦统灯影组冒沙井段微晶白云岩和寒武系牛蹄塘组黑色碳质页岩之间。

金沙含磷岩系中岩性主要为白云岩、硅质白云岩及深灰色白云质磷块岩(白云质含量较多)等。

清镇含磷岩系为桃子冲组，主要为含磷硅质岩、含磷白云岩(图版Ⅰ-13、14)。小壳动物化石及藻类化石丰富。与织金地区磷块岩相比，其最大的特点是水平纹层发育。

习水大岩组中磷块岩较薄，仅0.3m左右，主要为白云质生物碎屑磷块岩、磷质白云岩。

遵义松林地区磷矿矿层较薄，厚约0.7m，由黑色硅质凝胶状磷块岩组成。

开阳含磷岩系中主要为硅质磷质白云岩、硅质白云岩，小壳动物化石含量较少，化石保存不完整，水平层理发育，磷质含量低。

贵州镇远远口含磷岩系中主要为硅质磷质白云岩，磷质含量低。

向东部、东北部的寒武系底部含磷层越来越薄，磷矿呈结核状分布，如贵州天柱老屋基(图版Ⅰ-15、16)、铜仁坝黄,江西上饶(图版Ⅰ-17、18;图版Ⅱ-9～12),浙江江山等地,含磷层均为磷质结核或磷质透镜体。此段岩性主要为黑色黏土岩、含硅质磷块岩结核、含磷质结核等。磷块岩呈结核状、球状,局部为透镜状,存在于黑色黏土岩中。

南京幕府山含磷岩系中其岩性主要为深灰色白云岩、硅质白云岩,磷块岩矿体以磷结核为主(图版Ⅰ-19～22;图版Ⅱ-13、14)。

## 5.2　分析测试方法

### 5.2.1　主元素

首先将野外采集的样品在室内进行选样、清除污染等前处理。然后进行碎样,将样品碎成 200 目,再进行分析测试。本次分析测试大多数样品是在广州澳实分析检测集团(澳实矿物实验室)进行。具体方法是将样品用硼酸锂或偏硼酸锂熔融,再用 ME-ICP06 质谱及等离子体发射光谱定量分析。

### 5.2.2　稀土、微量元素

首先在室内进行选样、清除污染等前处理。然后将样品碎成 200 目,再进行分析测试。本书大多数样品采用的分析测试方法主要有两种,一种采用中国科学院地球化学研究所四级杆型电感耦合等离子体质谱仪〔Quadrupole Inductively Coupled Plasma Mass Spectrometer(Q-ICP-MS),加拿大 PerkinElmer 公司制造,型号为 ELAN DRC-e〕做稀土微量分析测试;另一种采用广州澳实分析检测集团和中国科学院地球化学研究所矿床学地球化学国家重点实验室稀土稀有金属熔化法分析,具体方法是将样品用偏硼酸锂熔融,再用 ME-MS81 质谱仪做稀土微量定量分析。

## 5.3　分析测试结果

### 5.3.1　常量元素

对扬子区寒武系底部含磷岩系进行化学分析的样品共43件,分析结果见表5-2。根据分析测试结果可以看出, 云南白龙潭磷矿磷块岩样品以富含 $P_2O_5$ 和 $SiO_2$ 为特点, $P_2O_5$ 含量为 15.80%～33.50%,而含磷最高的层位对应的 $SiO_2$ 只有 9.84%,MnO 含量较低,仅为 0.06%～0.20%;贵州织金磷矿 $P_2O_5$ 含量为 10.58%～29.93%;贵州金沙含磷岩系以富含 $SiO_2$、$P_2O_5$ 和 CaO 为特点,$SiO_2$、$P_2O_5$ 含量均较云南低,但 MgO 含量较云南高，均为 10% 以上；贵州清镇、开阳、习水及遵义地区含磷岩系以 $SiO_2$ 为主，大多数样品的 $SiO_2$ 含量为 50% 以上，$P_2O_5$ 含量很低，说明岩石硅化严重；贵州天柱、江西上饶、浙江江山以及江苏南京等地的磷结核以 $P_2O_5$、$SiO_2$ 和 CaO 含量较高为特点。

表 5-2　扬子区寒武系底部含磷岩系样品化学分析结果（%）

| 样品 | $SiO_2$ | $Al_2O_3$ | $Fe_2O_3$ | CaO | MgO | MnO | $P_2O_5$ |
|---|---|---|---|---|---|---|---|
| YN-1 | 25.90 | 1.50 | 1.08 | 40.00 | 0.22 | 0.10 | 28.50 |
| YN-2 | 13.85 | 1.78 | 0.85 | 47.20 | 0.14 | 0.11 | 32.20 |
| YN-3 | 43.10 | 4.97 | 4.83 | 21.70 | 0.48 | 0.14 | 15.80 |
| YN-4 | 9.84 | 0.77 | 0.87 | 50.70 | 0.38 | 0.07 | 33.50 |
| YN-5 | 11.80 | 0.92 | 0.88 | 47.90 | 0.51 | 0.06 | 33.00 |
| YN-6 | 27.70 | 2.11 | 1.43 | 38.50 | 0.26 | 0.20 | 25.90 |
| YN-9 | 16.50 | 0.90 | 1.37 | 40.70 | 2.63 | 0.13 | 27.30 |
| P1 | 4 11 | 1.29 | 1.52 | 48.19 | 2.68 | — | 29.93 |
| P2 | 2.77 | 0.88 | 1.12 | 45.82 | 5.34 | — | 25.16 |
| P5 | 5.60 | 1.24 | 0.91 | 38.93 | 10.16 | — | 10.58 |
| YK-2 | 16.40 | 2.53 | 1.00 | 26.90 | 13.40 | 0.04 | 6.47 |
| YK-2' | 10.10 | 1.44 | 1.69 | 33.30 | 12.05 | 0.22 | 10.60 |
| W-1 | 5.26 | 0.50 | 0.38 | 30.70 | 18.45 | 0.01 | 1.22 |
| W-4 | 7.52 | 0.50 | 0.66 | 35.10 | 13.45 | 0.04 | 9.36 |
| W-5 | 10.55 | 0.41 | 0.45 | 28.70 | 17.40 | 0.02 | 0.29 |
| W-6 | 47.70 | 3.78 | 1.17 | 13.85 | 9.66 | 0.09 | 0.24 |
| W-7 | 74.00 | 12.20 | 2.92 | 0.16 | 1.58 | 0.04 | 0.07 |
| W-8 | 33.30 | 4.00 | 1.48 | 17.10 | 12.10 | 0.10 | 0.08 |
| W-9 | 61.60 | 5.70 | 1.82 | 8.33 | 6.21 | 0.08 | 0.10 |
| W-10 | 51.10 | 7.07 | 2.09 | 10.70 | 8.04 | 0.05 | 0.09 |
| W-11 | 29.30 | 4.09 | 1.70 | 19.40 | 13.35 | 0.08 | 0.08 |
| W-12 | 74.40 | 11.65 | 2.65 | 0.08 | 1.28 | 0.03 | 0.09 |
| W-13 | 75.90 | 12.40 | 1.36 | 0.09 | 1.20 | 0.05 | 0.05 |
| ghb-3 | 9.93 | 0.58 | 0.43 | 26.80 | 18.55 | 0.10 | 0.74 |
| ZY-3 | 79.50 | 8.60 | 5.10 | 0.04 | 0.48 | 0.02 | 0.17 |
| MC-2 | 25.10 | 4.30 | 1.11 | 20.70 | 14.65 | 0.06 | 0.09 |
| MC-3 | 63.80 | 6.07 | 2.15 | 6.92 | 5.37 | 0.02 | 0.11 |
| MC-4 | 68.30 | 6.23 | 1.63 | 5.54 | 4.47 | 0.04 | 0.06 |
| MC-5 | 68.10 | 5.53 | 1.11 | 6.37 | 4.99 | 0.03 | 0.04 |

续表

| 样品 | SiO$_2$ | Al$_2$O$_3$ | Fe$_2$O$_3$ | CaO | MgO | MnO | P$_2$O$_5$ |
|------|------|------|------|------|------|------|------|
| MC-6 | 54.00 | 5.60 | 0.92 | 10.35 | 7.84 | 0.06 | 0.06 |
| MC-7 | 50.20 | 10.20 | 2.12 | 8.34 | 6.96 | 0.03 | 0.05 |
| MC-8 | 15.65 | 2.32 | 0.84 | 24.70 | 17.45 | 0.05 | 0.03 |
| MC-9 | 59.30 | 7.67 | 1.42 | 8.09 | 6.19 | 0.07 | 0.18 |
| MC-10 | 23.60 | 4.57 | 1.63 | 21.00 | 13.90 | 0.05 | 0.05 |
| LWJ | 15.65 | 2.48 | 2.66 | 31.80 | 0.11 | 0.01 | 26.20 |
| KJ-1 | 7.10 | 0.96 | 7.20 | 39.30 | 0.07 | <0.01 | 27.90 |
| KJ-3 | 19.95 | 4.06 | 2.19 | 35.80 | 0.65 | 0.01 | 26.40 |
| KJ-4 | 26.30 | 3.26 | 0.54 | 37.80 | 0.92 | 0.01 | 25.30 |
| KJ-6 | 13.30 | 1.42 | 1.30 | 45.20 | 0.15 | <0.01 | 30.10 |
| JS-2 | 7.34 | 1.00 | 2.52 | 40.10 | 0.10 | 0.02 | 32.20 |
| JS-3 | 5.20 | 0.43 | 0.87 | 46.20 | 0.02 | <0.01 | 34.00 |
| MF-3 | 14.05 | 0.91 | 0.43 | 44.90 | 0.28 | <0.01 | 32.30 |
| MF-5 | 21.10 | 4.25 | 1.70 | 29.50 | 4.97 | 0.03 | 16.95 |

注：(1)测试者：澳实分析检测集团(澳实矿物实验室)章艳丽；(2)P1、P2、P5 数据来源于张杰等(2008)

以上分析表明，扬子区寒武系底部含磷岩系磷块岩(磷结核)富集层主要是 P$_2$O$_5$ 与 CaO 构成的磷酸盐矿物，以 CaO、CO$_2$ 为特征的碳酸盐矿物和 Al$_2$O$_3$ 与 SiO$_2$ 构成的黏土矿物及硅质矿物，磷块岩硅化及白云化较明显。所以，磷块岩(磷结核)矿石以 P$_2$O$_5$、CaO、SiO$_2$、Al$_2$O$_3$ 和 MgO 为主。

### 5.3.2　稀土元素

#### 1.云南白龙潭磷矿稀土元素地球化学特征

从表 5-3 可以看出，云南白龙潭磷块岩中，稀土总量都较高，为 198.65×10$^{-6}$～420.69×10$^{-6}$；LREE/HREE 比除 YN-3 为 2.29 外，其余比值都接近 1.00，说明在此区内样品中轻稀土和重稀土富集程度相近；由 $\delta$Ce、$\delta$Eu 值可以看出，所有样品均显示 Ce 负异常特征，且异常特征明显，说明 Ce 与其他稀土元素发生较强的分异作用，据研究资料报道，Ce 异常可作为海相沉积磷块岩矿床的地球化学标志(Mazumdar et al.，1999)，它的异常程度直接反映了古海水的氧化程度，因此，云南白龙潭磷矿是在较强的氧化环境中形成的。与 Ce 异常特征相似，大多样品均显示出较强的 Eu 负异常，说明岩石在成岩过程中 Eu 与其他稀土元素存在一定的分异作用。

表 5-3　云南白龙潭含磷岩系稀土元素及地球化学参数($\times 10^{-6}$)

| 样品 | YN-1 | YN-2 | YN-3 | YN-4 | YN-5 | YN-6 | YN-8 | YN-9 |
|------|------|------|------|------|------|------|------|------|
| La | 39.70 | 41.70 | 63.00 | 36.90 | 49.60 | 44.50 | 39.80 | 53.00 |
| Ce | 40.70 | 28.60 | 111.50 | 21.90 | 33.40 | 28.50 | 41.30 | 66.30 |
| Pr | 7.73 | 5.62 | 16.80 | 4.69 | 6.89 | 5.94 | 9.40 | 10.30 |
| Nd | 31.50 | 23.10 | 73.20 | 19.50 | 28.60 | 24.60 | 42.70 | 45.60 |
| Sm | 6.28 | 4.42 | 19.00 | 3.80 | 5.49 | 4.64 | 9.60 | 12.15 |
| Eu | 1.23 | 0.94 | 9.19 | 0.79 | 1.42 | 0.83 | 2.08 | 5.77 |
| Gd | 7.25 | 5.52 | 20.80 | 5.01 | 7.06 | 5.13 | 10.15 | 13.55 |
| Tb | 0.98 | 0.70 | 2.47 | 0.65 | 0.91 | 0.71 | 1.23 | 1.48 |
| Dy | 6.91 | 5.09 | 11.25 | 4.85 | 6.30 | 5.25 | 7.76 | 7.84 |
| Ho | 1.69 | 1.36 | 1.97 | 1.24 | 1.55 | 1.37 | 1.69 | 1.57 |
| Er | 4.78 | 4.02 | 4.46 | 3.66 | 4.41 | 3.99 | 4.25 | 3.67 |
| Tm | 0.67 | 0.56 | 0.52 | 0.52 | 0.61 | 0.56 | 0.55 | 0.48 |
| Yb | 3.37 | 3.05 | 2.75 | 2.76 | 3.08 | 2.89 | 2.68 | 2.36 |
| Lu | 0.45 | 0.43 | 0.38 | 0.38 | 0.40 | 0.39 | 0.36 | 0.33 |
| Y | 112.50 | 97.90 | 83.40 | 92.00 | 112.00 | 90.80 | 88.00 | 90.40 |
| $\sum$REE | 265.74 | 223.01 | 420.69 | 198.65 | 261.72 | 220.10 | 261.55 | 314.80 |
| LREE | 127.14 | 104.38 | 292.69 | 87.58 | 125.40 | 109.01 | 144.88 | 193.12 |
| HREE | 138.60 | 118.63 | 1280 | 111.07 | 136.32 | 111.09 | 116.67 | 121.68 |
| LREE/HREE | 0.92 | 0.88 | 2.29 | 0.79 | 0.92 | 0.98 | 1.24 | 1.59 |
| $\delta$Ce | 0.46 | 0.34 | 0.70 | 0.30 | 0.33 | 0.32 | 0.43 | 0.56 |
| $\delta$Eu | 0.62 | 0.65 | 1.55 | 0.62 | 0.77 | 0.57 | 0.71 | 1.51 |

注：(1)测试者：澳实分析检测集团(澳实矿物实验室)章艳丽；(2)样品岩性：磷块岩

### 2.贵州织金戈仲伍磷矿稀土元素地球化学特征

从表 5-4 可以看出，贵州织金地区各种磷矿石的稀土总量都较高，普遍富集稀土元素，稀土总量最高可达 $974.15 \times 10^{-6}$，平均为 $620.56 \times 10^{-6}$，并富集 Y、La、Ce、Nd 等重稀土元素及轻稀土元素，同时，表中也列出了稀土总量、轻重稀土比值 LREE/HREE、$\delta$Ce(Ce/Ce$^*$)、$\delta$Eu(Eu/Eu$^*$)等参数。

由 LREE/HREE 值可以看出，织金地区磷块岩中部分样品的 LREE/HREE 值较高，这说明在成岩过程中有富集轻稀土的因素；由 $\delta$Ce、$\delta$Eu 值可以看出，除 P0 样品(含稀土氧化矿石)中显示 Ce 正异常($\delta$Ce=1.09)外，其余样品均显示 Ce 负异常特征，且异常特征明显，这主要是由于 Ce$^{3+}$ 在氧化条件下易形成不溶的 Ce$^{4+}$，从而导致 Ce 负异常。沉积磷灰石中 Ce 负异常直接反映海水的氧化还原环境，所以 Ce 相对于其他 REE 的异常程度常被用作指示古海洋氧化还原环境的标志。织金磷矿强烈的 Ce 负异常，表明织金磷矿是在较强的氧化环境中沉积的(张杰等，2004a)；所有样品均显示出 Eu 负异常，但异常特征不明显，说明岩石在成岩过程中 Eu 与其他稀土元素存在较强的分异作用。

表 5-4 贵州织金含磷岩系稀土元素及地球化学参数($\times 10^{-6}$)

| 稀土元素 | P0 | P1 | P1-2 | P2 | P5 | P2s-1 | P2s-2 |
|---|---|---|---|---|---|---|---|
| La | 79.59 | 290.38 | 171.00 | 223.24 | 126.13 | 87.50 | 100.00 |
| Ce | 173.25 | 178.63 | 127.00 | 153.59 | 77.99 | 57.70 | 64.70 |
| Pr | 17.44 | 47.97 | 31.60 | 41.96 | 20.28 | 13.00 | 15.10 |
| Nd | 66.27 | 212.46 | 112.00 | 185.19 | 90.49 | 64.90 | 77.00 |
| Sm | 11.73 | 37.34 | 25.00 | 32.93 | 16.22 | 9.98 | 10.90 |
| Eu | 2.72 | 8.35 | 6.63 | 7.45 | 3.82 | 2.23 | 2.57 |
| Gd | 10.98 | 45.66 | 23.80 | 39.30 | 19.88 | 12.00 | 12.40 |
| Tb | 1.68 | 6.65 | 3.75 | 5.83 | 2.82 | 1.61 | 1.55 |
| Dy | 9.55 | 39.88 | 27.20 | 35.39 | 17.13 | 10.60 | 10.60 |
| Ho | 1.85 | 8.62 | 5.19 | 7.58 | 3.60 | 2.15 | 2.22 |
| Er | 5.72 | 24.16 | 13.90 | 21.48 | 10.56 | 5.70 | 5.70 |
| Tm | 0.78 | 2.71 | 1.47 | 2.55 | 1.23 | 0.52 | 0.52 |
| Yb | 4.80 | 13.89 | 6.97 | 12.38 | 6.25 | 2.74 | 2.34 |
| Lu | 0.72 | 1.71 | 0.79 | 1.54 | 0.80 | 0.36 | 0.28 |
| Y | 53.80 | 55.74 | 215.00 | 75.58 | 192.86 | 62.20 | 82.50 |
| ∑REE | 440.88 | 974.15 | 771.30 | 845.99 | 590.06 | 333.19 | 388.38 |
| LREE | 351.00 | 775.13 | 473.23 | 644.36 | 334.93 | 235.31 | 270.27 |
| HREE | 89.88 | 199.02 | 298.07 | 201.63 | 255.13 | 97.88 | 118.11 |
| LREE/HREE | 3.91 | 3.89 | 1.59 | 3.20 | 1.31 | 2.40 | 2.29 |
| $\delta Ce$ | 1.09 | 0.36 | 0.40 | 0.37 | 0.50 | 0.40 | 0.39 |
| $\delta Eu$ | 0.74 | 0.64 | 0.80 | 0.64 | 0.66 | 0.63 | 0.68 |

注：(1)资料来源于(张杰等，2008)；(2)P0：含稀土氧化矿石；P1、P1-2：含稀土硅质磷块岩；P2：含生物屑白云质磷块岩；P5、P2s-1、P2s-2：含稀土白云质磷块岩

### 3.贵州清镇、开阳含磷岩系稀土元素地球化学特征

从表 5-5 可以看出，在贵州清镇、开阳一带的含磷岩系稀土总量为 $53.19 \times 10^{-6} \sim 379.14 \times 10^{-6}$，稀土含量最高的样品为贵州清镇 W-4，稀土总量为 $379.14 \times 10^{-6}$，其余样品中稀土总量都较低，贵州清镇含磷岩系平均为 $140.93 \times 10^{-6}$，贵州开阳含磷岩系稀土总量更低，平均为 $78.01 \times 10^{-6}$。由 LREE/HREE 值可以看出，绝大多数样品 LREE/HREE 值相差不大，在 3.00 左右，说明在此沉积相区内样品中轻稀土富集程度略高于重稀土；由 $\delta Ce$、$\delta Eu$ 值可以看出，所有样品均显示 Ce 负异常特征，

表 5-5　贵州清镇、开阳含磷岩系稀土元素及地球化学参数（×10⁻⁶）

| 稀土元素 | W-1 | W-4 | W-5 | W-6 | W-7 | W-8 | W-9 | W-10 | W-11 | W-12 | W-13 | MC-2 | MC-3 | MC-4 | MC-5 | MC-6 | MC-7 | MC-9 | MC-10 |
|---|---|---|---|---|---|---|---|---|---|---|---|---|---|---|---|---|---|---|---|
| La | 16.20 | 102.00 | 10.60 | 13.90 | 40.50 | 12.30 | 17.00 | 23.90 | 27.20 | 44.20 | 45.80 | 16.90 | 13.60 | 14.50 | 12.20 | 13.10 | 27.40 | 18.90 | 14.60 |
| Ce | 12.10 | 41.10 | 7.80 | 17.70 | 57.10 | 22.20 | 29.70 | 33.90 | 30.70 | 51.00 | 57.60 | 22.40 | 22.80 | 26.70 | 20.80 | 23.00 | 44.10 | 31.10 | 22.00 |
| Pr | 4.58 | 22.60 | 2.38 | 3.06 | 6.70 | 3.00 | 3.84 | 5.00 | 5.87 | 8.91 | 7.27 | 3.13 | 2.95 | 3.13 | 2.44 | 2.89 | 5.17 | 4.27 | 3.11 |
| Nd | 22.20 | 106.00 | 10.40 | 12.40 | 21.00 | 11.60 | 13.80 | 18.30 | 24.20 | 33.70 | 24.20 | 11.00 | 10.70 | 10.90 | 8.50 | 10.40 | 17.10 | 15.60 | 11.10 |
| Sm | 4.06 | 18.10 | 2.08 | 2.41 | 3.21 | 2.26 | 2.61 | 3.41 | 4.73 | 6.71 | 3.71 | 1.76 | 1.99 | 2.04 | 1.43 | 1.80 | 2.51 | 2.96 | 1.96 |
| Eu | 0.89 | 3.65 | 0.51 | 0.48 | 0.64 | 0.46 | 0.51 | 0.64 | 0.98 | 1.68 | 0.70 | 0.32 | 0.40 | 0.40 | 0.29 | 0.33 | 0.46 | 0.56 | 0.41 |
| Gd | 4.27 | 15.75 | 2.27 | 2.15 | 3.35 | 2.14 | 2.47 | 3.07 | 4.42 | 8.40 | 3.73 | 1.72 | 2.12 | 1.90 | 1.52 | 1.77 | 2.58 | 2.86 | 1.87 |
| Tb | 0.58 | 1.73 | 0.30 | 0.30 | 0.48 | 0.32 | 0.37 | 0.47 | 0.63 | 1.22 | 0.57 | 0.26 | 0.31 | 0.29 | 0.23 | 0.28 | 0.44 | 0.43 | 0.30 |
| Dy | 3.17 | 6.93 | 1.57 | 1.47 | 2.81 | 1.57 | 1.90 | 2.49 | 3.01 | 6.57 | 3.56 | 1.41 | 1.74 | 1.70 | 1.30 | 1.52 | 2.55 | 2.28 | 1.63 |
| Ho | 0.69 | 1.31 | 0.32 | 0.27 | 0.64 | 0.30 | 0.41 | 0.51 | 0.57 | 1.41 | 0.93 | 0.30 | 0.36 | 0.37 | 0.29 | 0.32 | 0.58 | 0.49 | 0.35 |
| Er | 1.92 | 3.32 | 0.82 | 0.77 | 1.95 | 0.86 | 1.17 | 1.55 | 1.45 | 4.05 | 3.20 | 0.91 | 1.08 | 1.09 | 0.91 | 0.97 | 1.81 | 1.39 | 0.99 |
| Tm | 0.24 | 0.34 | 0.09 | 0.09 | 0.28 | 0.12 | 0.16 | 0.22 | 0.17 | 0.53 | 0.48 | 0.12 | 0.14 | 0.16 | 0.13 | 0.14 | 0.26 | 0.21 | 0.13 |
| Yb | 1.31 | 1.85 | 0.56 | 0.69 | 1.94 | 0.81 | 1.13 | 1.33 | 1.03 | 3.43 | 3.17 | 0.80 | 0.97 | 1.05 | 0.92 | 0.93 | 1.80 | 1.34 | 0.90 |
| Lu | 0.19 | 0.26 | 0.09 | 0.11 | 0.31 | 0.12 | 0.17 | 0.22 | 0.16 | 0.57 | 0.55 | 0.13 | 0.16 | 0.17 | 0.14 | 0.14 | 0.29 | 0.20 | 0.14 |
| Y | 34.30 | 54.20 | 13.40 | 7.6 | 16.10 | 8.40 | 10.60 | 13.50 | 14.10 | 48.00 | 35.30 | 9.00 | 9.70 | 9.70 | 7.50 | 8.60 | 14.70 | 12.60 | 9.30 |
| ∑REE | 106.7 | 379.14 | 53.19 | 63.40 | 157.01 | 66.46 | 85.80 | 108.50 | 119.20 | 220.00 | 190.80 | 70.16 | 69.02 | 74.10 | 58.60 | 66.19 | 122.00 | 95.20 | 68.79 |
| LREE | 60.03 | 293.45 | 33.77 | 49.95 | 129.15 | 51.82 | 67.50 | 85.15 | 93.68 | 146.00 | 139.30 | 55.51 | 52.44 | 57.67 | 45.66 | 51.52 | 96.70 | 73.40 | 53.18 |
| HREE | 46.67 | 85.69 | 19.42 | 13.45 | 27.86 | 14.64 | 18.40 | 23.36 | 25.54 | 74.20 | 51.49 | 14.65 | 16.58 | 16.43 | 12.94 | 14.67 | 25.00 | 21.80 | 15.61 |
| LREE/HREE | 1.29 | 3.42 | 1.74 | 3.71 | 4.64 | 3.54 | 3.67 | 3.65 | 3.67 | 1.97 | 2.70 | 3.79 | 3.16 | 3.51 | 3.53 | 3.51 | 3.87 | 3.37 | 3.41 |
| δCe | 0.60 | 0.17 | 0.31 | 0.55 | 0.67 | 0.74 | 0.74 | 0.62 | 0.49 | 0.51 | 0.60 | 0.62 | 0.73 | 0.77 | 0.73 | 0.75 | 0.71 | 0.72 | 0.68 |
| δEu | 0.72 | 0.71 | 0.79 | 0.69 | 0.65 | 0.69 | 0.67 | 0.65 | 0.71 | 0.76 | 0.53 | 0.61 | 0.65 | 0.67 | 0.66 | 0.61 | 0.60 | 0.64 | 0.71 |

注：（1）测试者：澳实分析检测集团（澳实矿物实验室）章艳丽；（2）W-4：磷球岩；其余样品均为硅质磷质白云岩。

表 5-6　贵州金沙、习水、遵义、镇远、天柱、铜仁、江西上饶、浙江江山及江苏南京等地寒武系底部磷块岩稀土元素及地球化学参数（×10$^{-6}$）

| 稀土元素 | YK-2 | YK-2′ | ghb-3 | ZY-3 | ZY | LWJ | H-28 | KJ-1 | KJ-4 | JS-2 | JS-3 | MF-3 | MF-5 |
|---|---|---|---|---|---|---|---|---|---|---|---|---|---|
| La | 38.60 | 46.00 | 99.10 | 118.00 | 20.20 | 77.60 | 115.27 | 98.70 | 75.10 | 77.80 | 52.80 | 77.10 | 78.00 |
| Ce | 33.70 | 55.10 | 40.60 | 92.30 | 43.30 | 83.80 | 100.98 | 176.00 | 153.50 | 76.90 | 44.40 | 61.90 | 92.80 |
| Pr | 7.45 | 8.83 | 22.50 | 22.20 | 5.51 | 31.70 | 26.73 | 42.00 | 35.90 | 14.05 | 7.54 | 14.10 | 25.10 |
| Nd | 31.60 | 37.10 | 109.00 | 94.80 | 23.20 | 171.00 | 126.42 | 199.00 | 188.50 | 60.20 | 37.40 | 62.50 | 125.00 |
| Sm | 6.48 | 7.46 | 19.20 | 18.30 | 5.74 | 45.90 | 29.71 | 50.60 | 60.50 | 11.85 | 5.60 | 14.90 | 35.50 |
| Eu | 1.58 | 1.89 | 3.83 | 4.50 | 1.26 | 12.92 | 7.72 | 11.45 | 14.65 | 2.75 | 1.56 | 4.19 | 10.03 |
| Gd | 8.38 | 9.51 | 14.16 | 24.46 | 5.72 | 51.75 | 37.81 | 61.00 | 79.10 | 14.65 | 8.88 | 24.54 | 51.90 |
| Tb | 1.22 | 1.34 | 1.67 | 3.54 | 0.88 | 7.49 | 6.24 | 8.60 | 10.10 | 2.18 | 1.50 | 3.76 | 8.14 |
| Dy | 7.29 | 8.03 | 6.85 | 21.90 | 4.83 | 43.40 | 37.71 | 61.30 | 62.80 | 16.10 | 10.95 | 23.30 | 49.40 |
| Ho | 1.69 | 1.80 | 1.35 | 5.35 | 0.98 | 10.10 | 8.62 | 13.10 | 11.90 | 3.95 | 2.68 | 5.71 | 10.90 |
| Er | 4.45 | 4.79 | 3.19 | 14.10 | 2.54 | 26.70 | 25.09 | 34.60 | 28.10 | 12.20 | 9.04 | 14.50 | 27.40 |
| Tm | 0.54 | 0.61 | 0.32 | 1.66 | 0.35 | 3.51 | 3.21 | 4.10 | 3.06 | 1.56 | 1.31 | 1.71 | 3.41 |
| Yb | 2.97 | 3.19 | 1.77 | 8.77 | 2.12 | 20.60 | 21.69 | 21.20 | 14.10 | 9.03 | 8.33 | 8.86 | 18.10 |
| Lu | 0.41 | 0.46 | 0.25 | 1.19 | 0.30 | 2.81 | 3.35 | 2.94 | 1.96 | 1.31 | 1.18 | 1.41 | 2.68 |
| Y | 77.90 | 83.30 | 54.90 | 249.00 | 26.20 | 318.00 | 365.86 | 577.00 | 485.00 | 213.00 | 159.50 | 289.00 | 404.00 |
| ΣREE | 224.27 | 269.40 | 378.68 | 680.08 | 143.13 | 907.28 | 916.41 | 1361.59 | 1224.27 | 517.53 | 352.67 | 607.47 | 942.37 |
| LREE | 119.41 | 156.38 | 294.23 | 350.10 | 99.21 | 422.92 | 406.84 | 577.75 | 528.15 | 243.55 | 149.30 | 234.69 | 366.43 |
| HREE | 104.86 | 113.02 | 84.45 | 329.97 | 43.91 | 484.36 | 509.57 | 783.84 | 696.12 | 273.98 | 203.37 | 372.79 | 575.93 |
| LREE/HREE | 1.14 | 1.38 | 3.48 | 1.06 | 2.26 | 0.87 | 0.80 | 0.74 | 0.76 | 0.89 | 0.73 | 0.63 | 0.64 |
| δCe | 0.39 | 0.54 | 0.17 | 0.35 | 0.84 | 0.35 | 0.37 | 0.57 | 0.61 | 0.45 | 0.41 | 0.37 | 0.44 |
| δEu | 0.73 | 0.76 | 0.74 | 0.72 | 0.73 | 0.89 | 0.78 | 0.70 | 0.72 | 0.71 | 0.75 | 0.75 | 0.80 |

注：样品 KJ-1 (江西孔家)、KJ-4 (江西孔家)、JS-2 (浙江江山)、JS-3 (浙江江山) 测试者：澳实分析检测集团 (澳实矿物实验室) 章艳丽；其余样品测试者：中国科学院地球化学研究所 [四级杆型电感耦合等离子体质谱仪 Quadrupole Inductively Coupled Plasma Mass Spectrometer (Q-ICP-MS)，加拿大 PerkinElmer 公司制造，型号为 ELAN DRC-e] 胡静

且异常特征明显,尤其 W-4($\delta$Ce 为 0.17)更甚,说明 Ce 与其他稀土元素会发生较强的分异作用。与 Ce 异常特征相似,所有样品均显示出较强的 Eu 负异常,说明岩石在成岩过程中 Eu 与其他稀土元素存在较强的分异作用。

4.贵州金沙、习水、遵义、镇远、天柱、铜仁,江西上饶,浙江江山及江苏南京等地稀土元素地球化学特征

从表 5-6 可以看出,贵州金沙岩孔、习水干河坝及遵义松林地区的磷块岩中,稀土总量都较高,为 $224.27 \times 10^{-6} \sim 680.08 \times 10^{-6}$;镇远一带的含磷岩系中稀土含量较低,为 $143.13 \times 10^{-6}$,与清镇一带含磷岩系稀土含量相当;而向东部、东北部的贵州天柱老屋基、贵州铜仁坝黄、江西上饶、浙江江山等地的磷结核中,稀土总量又呈增高的趋势,为 $352.67 \times 10^{-6} \sim 1361.59 \times 10^{-6}$,其中江西上饶的磷结核中,稀土总量最高,所采样品稀土总量都为 $1000 \times 10^{-6}$ 以上。由 LREE/HREE 值可以看出,镇远 LREE/HREE 比值为 2.26,说明在此沉积相区内样品中轻稀土富集程度略高于重稀土;贵州天柱老屋基、贵州铜仁坝黄、江西上饶及浙江江山以及处在缓斜坡相区的江苏南京几个地区的磷结核中,LREE/HREE 比值相差不大,都在 0.80 左右,在此带显示出轻稀土富集程度略低于重稀土,但在此地区中轻稀土富集程度要比贵州开阳—清镇—镇远一带的磷块岩要弱一些。大部分样品中 Y 有较高富集,反映了扬子区寒武系底部含磷岩系富集 Y 的基本特征。由 $\delta$Ce、$\delta$Eu 值可以看出,所有样品均显示 Ce、Eu 负异常特征,且异常特征明显,说明 Ce、Eu 均能与其他稀土元素发生较强的分异作用。同时,也表明磷矿不管在浅水区域还是深水区域,其沉积地球化学方面均表现为缺氧环境,这可能是洋流上升还是团具有缺氧环境的特征所引起,而不是磷矿沉积环境都是缺氧环境,特别是云南、贵州织金等地的磷块岩形成环境为相对氧化的沉积环境。

从表 5-3~表 5-6 分析可以看出,稀土总量在相同沉积相区的采样剖面上具有大致相同的分布规律,只是磷矿规模和轻、重稀土分异特征略有不同,如处在同一沉积相区浅水缓坡相(包括浅滩、潮坪)的云南白龙潭磷矿比贵州织金、贵州金沙及贵州遵义等地区的磷矿规模大,且轻、重稀土分异特征也不同,云南白龙潭磷矿轻、重稀土含量相当,而贵州织金磷矿轻稀土含量高于重稀土,这说明与当时的沉积环境关系密切,云南白龙潭磷矿处于氧化程度相对较高环境,水体深度比贵州织金、金沙及遵义等地区浅。稀土金属在空气中的稳定性随原子序数的增加而增加(王中刚等,1989),在空气中,La 与 Ce 等轻稀土很快被腐蚀,如 La 在潮湿空气中逐渐转化成白色的氧化物,而 Ce 在空气中放置数月仅见表面生成一层灰白色的氧化物薄膜,所以云南白龙潭磷矿的轻稀土元素易被氧化而形成稀土化合物,即在氧化环境下轻稀土含量普遍较贵州织金低,重稀土元素含量与织金相当,这也正是云南白龙潭磷矿轻、重稀土含量相差不大的原因所在。而织金地区较云南处于相对还原的环境,轻稀土元素不易被氧化,导致织金地区磷矿轻

稀土含量较云南白龙潭磷矿高，从而致使该区稀土总量较高。

在深水缓坡相的贵州清镇、开阳及镇远三个地区含磷硅质岩中稀土元素总量均较低，这与硅质岩稀土含量低有关(硅质对稀土具有强烈的稀释作用)。

采样点分布在水体更深的上斜坡相的贵州天柱老屋基、铜仁坝黄、江西上饶及浙江江山几个地区的磷结核中，稀土总量均较高，且比分布在浅水缓坡相中的云南白龙潭，贵州织金戈仲伍、金沙岩孔、遵义松林地区磷块岩的稀土总量还要高。

沉积环境处在浅水缓坡相、浅水缓坡浅滩相及水体更深的上斜坡相的几个地区的磷块岩(结核)的稀土含量高，处在深水缓坡相的含磷硅质岩的稀土含量低的原因主要是硅质对稀土具有稀释作用。

至于贵州织金磷矿比云南白龙潭磷矿更富集稀土的原因，可能是贵州织金处于华南海盆洋流上升进入浅海区的通道(牛首山半岛和金沙浅滩之间织金通道)上，稀土元素随着磷沉积大量沉淀下来，而随洋流继续涌入昆阳海湾的磷在昆阳浅海环境大量沉积形成磷矿，但稀土元素大部分在贵州织金地区已经沉淀，因此，在云南地区形成的磷矿稀土元素含量相对较低。

从整体上看，扬子区寒武系底部含磷岩系的轻、重稀土元素在相同的沉积相区内分异特征基本一致，除织金地区磷块岩显示轻稀土含量略高于重稀土外，其余地区(如云南白龙潭，贵州金沙岩孔、遵义松林、清镇、开阳、镇远、天柱老屋基、铜仁坝黄，江西上饶，浙江江山及江苏南京等地)的磷块岩及磷结核中，在相同的沉积相区内，轻、重稀土比值大体相同，即轻、重稀土元素分异特征不明显。至于轻、重稀土元素在织金地区磷块岩中显示较强的分异作用，其原因可能是上升洋流水体中稀土在织金通道处物理化学、生物化学环境变化，稀土与磷大量在浅水通道处沉淀，不仅稀土含量高，而且大量的轻稀土元素在相对氧化环境下首先沉淀，从而导致织金地区磷块岩中轻稀土元素含量略高于重稀土元素。

通过对扬子区寒武系底部含磷岩系及磷结核中稀土配分曲线的比较(图 5-1a)，发现其稀土元素球粒陨石标准化模式曲线趋势大体相同，稀土配分曲线均呈缓右倾型。在相同沉积相区内的云南白龙潭，贵州织金戈仲伍、金沙岩孔、遵义松林四个地区的磷块岩中稀土配分曲线均具 Ce 负异常特征，而且织金含磷岩系(P1、P1-2)中 Ce 负异常较明显。处在同一沉积相区的开阳、清镇、镇远三个地区 Ce 异常程度均较弱，除清镇(W-4)磷块岩稀土配分曲线具有较强的 Ce 负异常外，其他样品的 Ce 元素几乎与 Pr 元素富集程度相当，而且稀土配分曲线较陡。处在同一相区的贵州天柱老屋基、铜仁坝黄，江西上饶，浙江江山以及处在缓斜坡相区的江苏南京几个地区的磷结核中的稀土配分曲线显示，Ce 异常特征不明显，且曲线较平缓，表明在成岩过程中轻、重稀土元素获得相同程度的富集，分异作用不明显。在云南白龙潭，贵州织金戈仲伍、金沙岩孔、遵义松林几个地区中磷块岩中的 Ce 亏损主要由两个过程控制：一是磷块岩在成岩过程中的酸性介质中的 $Ce^{3+}$

氧化成 $Ce^{4+}$ 并通过水解沉淀而与其他稀土元素产生分异；另一方面是这些地区岩石在成岩时处在碱性介质中 $Ce^{3+}$ 被氧化成 $Ce^{4+}$ 并与 HCO 络合形成稳定的络合物溶于水中，造成这些地区的磷块岩及磷结核样品明显缺乏 Ce 元素。从总体上看，扬子区寒武系底部含磷岩系中稀土元素具有相似的富集、分异特征，说明具有同源性，支持洋流上升成磷理论。

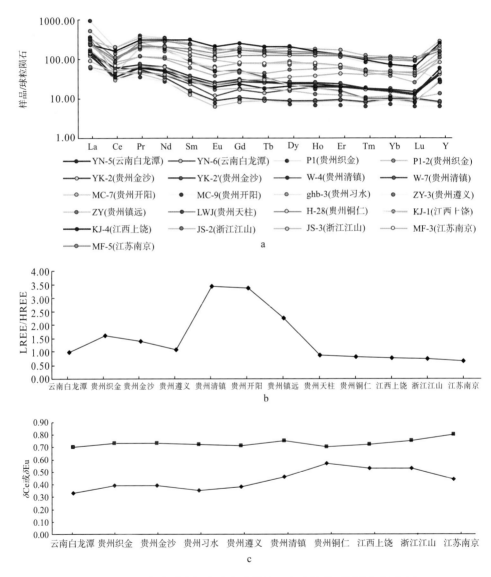

图 5-1　扬子区寒武系底部含磷岩系稀土元素球粒陨石标准化模式(a)；
扬子区寒武系底部含磷岩系轻、重稀土比值(b)；$\delta Ce$、$\delta Eu$ 特征比较(c)

从图 5-1b 可以看出，扬子区寒武系底部含磷岩系及磷结核中轻、重稀土比值特征各不相同，即轻重稀土分异特征不同，处在浅水缓坡相云南白龙潭、贵州织金戈仲伍、贵州金沙岩孔及贵州遵义松林等地的磷块岩中，除织金地区轻稀土含量略高于重稀土外，其余地区轻、重稀土含量相当，分异特征不明显；处在深水缓坡相的贵州清镇、开阳及镇远等地的含磷岩系中轻稀土含量明显高于重稀土，分异特征较明显，LREE/HREE 稀土比值大于 1；处在水体更深的上斜坡相的贵州天柱老屋基、贵州铜仁坝黄、江西上饶及浙江江山及缓斜坡相的江苏南京几个地区的磷结核中重稀土含量略高于轻稀土，即 LREE/HREE 值小于 1。从图 5-1b 可以看出，轻、重稀土元素的分异规律是从浅水缓坡相轻、重稀土比值略大于 1，到深水缓坡相轻、重稀土比值大于 1，为 3 左右，然后再到上斜坡相中轻、重稀土比值小于 1，为 0.80 左右。造成 LREE/HREE 值在深水缓坡相的贵州清镇、开阳及镇远等地的含磷岩系中高的原因主要是受轻稀土 Ce 含量高低的影响。影响 Ce 沉积的原因主要有两方面：一是此区沉积环境处于相对还原的环境，活动性较强的轻稀土 $Ce^{3+}$ 不易被氧化成 $Ce^{4+}$ 形成络合流失，因而造成轻稀土总量偏高；二是本沉积相区内含磷岩系中硅质含量较高，磷含量较低，形成含磷硅质岩，根据朱筱敏（2008）对稀土、微量元素搬运、沉积的研究，稀土元素在溶液中一般是呈胶体溶液的形式搬运，$Ce(OH)_4$ 为正胶体，$SiO_2$ 为负胶体，正负胶体中和就会相互凝聚为大的质点，在重力的作用下迅速下沉而成为胶体沉积物。因此，造成在此区轻稀土含量偏高。

从图 5-1c 可以看出，$\delta Ce$ 特征各不相同，处在浅水缓坡相云南白龙潭、贵州织金戈仲伍、金沙岩孔、遵义松林及浅水缓坡浅滩相贵州习水干河坝等地的磷块岩中，$\delta Ce$ 为 0.35 左右；处在深水缓坡相的贵州清镇磷块岩中，$\delta Ce$ 为 0.46；处在水体更深的上斜坡相的贵州天柱老屋基、贵州铜仁坝黄、江西上饶及浙江江山及处在缓斜坡相的江苏南京几个地区的磷结核中，$\delta Ce$ 为 0.50 左右。从图 5-1c 可以看出，$\delta Ce$ 呈从浅水缓坡相—深水缓坡相—上斜坡相逐渐增加的变化趋势，即沉积环境从弱还原环境逐渐变为较强还原环境。

**5.扬子区寒武系底部含磷岩系稀土元素总量与 $P_2O_5$ 含量之间的关系**

由图 5-2 可以看出，扬子区寒武系底部含磷岩系中各地区的稀土元素总量平均值 $P_2O_5$ 平均含量的变化而变化，显示 $P_2O_5$ 含量高则稀土含量也高的趋势，是什么原因引起 $P_2O_5$ 和稀土的正相关关系呢？这主要由当时的沉积环境和洋流上升过程中从深海携带的磷和稀土在不同的沉积环境中发生分异作用造成的，比如处在深水区上斜坡相的贵州天柱老屋基、贵州铜仁坝黄、江西上饶及浙江江山几个地区的磷结核中，稀土总量较高，为 $352.67 \times 10^{-6} \sim 1361.59 \times 10^{-6}$，$P_2O_5$ 含量也高，为 25.3%～34%，但磷矿不成规模，仅为结核状或透镜状磷块岩，且这些结核状或透镜状磷块岩主要分布在黑色页岩中，在江西上饶及浙江江山一带含磷质

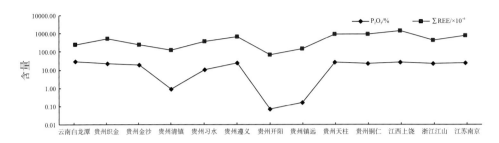

图 5-2    扬子区寒武世底部含磷岩系 $P_2O_5$ 含量与各地区 $\sum$ REE 平均含量对比图

结核的黑色页岩厚度较大，在江西上饶清水乡孔家剖面达 15m 左右，而在贵州天柱老屋基只有磷结核与黑色页岩密切共生，此区处于还原环境，洋流上升带来的磷和稀土元素沉积层厚 0.3m 左右。说明磷和稀土不易在此环境沉积，沉积量少，只能以结核状形式沉积于黑色页岩中，不能形成具有规模的磷矿。深水缓坡相的贵州清镇、开阳及镇远三个地区含磷岩系中稀土总量均较低，为 $67.96\times10^{-6}\sim$ $143.13\times10^{-6}$，$P_2O_5$ 含量也低，为 0.07%～0.91%，说明洋流上升携带的稀土和磷在此区内主要发生分异作用，上升洋流水团中大量的硅质发生沉淀，直接稀释了磷和稀土，致使沉积层磷质含量低、稀土含量低。处在沉积相区浅水缓坡相(包括浅滩、潮坪)(SRa)水深较浅的云南白龙潭，贵州织金、金沙、遵义及浅水缓坡浅滩相的贵州习水磷矿，其磷矿规模都较大，其磷矿中稀土总量都较高，为 $240.91\times10^{-6}\sim680.08\times10^{-6}$，$P_2O_5$ 含量也高，为 10.60%～29.45%，说明洋流上升携带的稀土和磷由于物理化学、生物化学(藻类、小壳动物繁盛)条件的变化在该区分异沉淀(沉积)，其中织金一带处于斜坡进入云南昆阳浅水区的通道，磷、硅、稀土首先大量沉积，形成高硅富稀土的磷块岩。上升洋流通过织金通道进入昆阳浅水海湾后，由于物理化学和生物化学条件更适合磷质沉淀，大量的磷质沉积形成昆阳磷矿，但稀土和硅质在织金通道附近已经沉淀，因此，昆阳浅水海湾中沉淀硅质和稀土就少，这也正是云南白龙潭磷块岩中稀土含量较贵州织金低的原因之一。

总之，扬子区寒武系底部含磷岩系稀土元素的含量随着磷含量的变化而变化，两者呈正相关关系，显示了稀土元素与磷的密切成因关系(Chen et al.，2013)。

### 5.3.3    微量元素地球化学特征

微量元素的含量及其分配形式以及与相近元素的比值，可作为各种成岩成矿物理化学的灵敏指示剂(涂光炽，1984)。本次研究共分析了含磷岩系中 Co、Ni、Mo、V、Cu、Pb、Zn、Ga、Cr、Rb、Sr、Nb、Ba、Th、U 等 15 种微量元素，分析结果见表 5-7。由表 5-7 可看出，扬子区寒武系底部含磷岩系中 Ba、Cu、Pb、Sr、Mo、U 等 6 种元素明显富集。在微量元素地壳丰度标准化图解中(图 5-3)，

表 5-7　扬子区寒武系底部含磷岩系微量元素含量及其地球化学参数（×10⁻⁶）

| 沉积相区 | 样品号 | Th | U | Ni | Mo | V | Co | Cr | Cu | Zn | Pb | Rb | Sr | Ba | Nb | Ga | V/Ni |
|---|---|---|---|---|---|---|---|---|---|---|---|---|---|---|---|---|---|
| 浅水缓坡 (SRa) | YN-1 | 2.18 | 11.40 | 6.00 | 5.00 | 33.00 | 3.90 | 30.00 | 8.00 | 113.00 | 55.00 | 14.00 | 594.00 | 590.00 | 1.70 | 4.00 |  |
|  | YN-8 | 3.31 | 7.24 | 8.00 | 2.00 | 68.00 | 2.90 | 40.00 | 9.00 | 47.00 | 14.00 | 17.60 | 94.30 | 508.00 | 2.60 | 3.70 |  |
|  | GI-4 |  | 5.70 | 19.06 | 0.56 | 10.58 | 2.98 | 9.04 | 61.32 | 105.90 | 270.58 | 4.41 | 303.07 | 485.48 | 0.64 | 3.66 |  |
|  | GI-6 |  | 6.24 | 20.53 | 0.45 | 16.14 | 2.53 | 11.07 | 43.53 | 75.89 | 233.84 | 3.60 | 508.77 | 43.66 | 0.66 | 5.01 | 4.25 |
|  | GI-7 | 2.61 | 8.28 | 19.09 | 0.86 | 12.15 | 3.61 | 11.88 | 48.60 | 63.16 | 471.06 | 6.01 | 457.90 | 23.05 | 1.10 | 5.31 |  |
|  | YK | 1.87 | 40.50 | 66.30 | 11.75 | 514.00 | 3.45 | 505.00 | 69.85 | 165.00 | 22.80 | 23.00 | 990.00 | 2160.00 | 3.06 | 4.90 |  |
|  | YK-2 | 1.88 | 69.70 | 122.00 | 0.82 | 475.00 | 8.07 | 130.00 | 70.07 | 771.00 | 50.00 | 12.90 | 142.00 | 479.00 | 2.56 | 2.96 |  |
|  | YK-2' |  | 57.00 | 44.80 | 0.31 | 348.00 | 2.16 | 65.80 | 32.23 | 324.00 | 23.90 | 14.30 | 193.00 | 1600.00 | 3.25 | 2.97 |  |
|  | YK-3 | 2.33 | 194.50 | 225.00 | 2.00 | 1060.00 | 31.20 | 270.00 | 64.00 | 507.00 | 9.00 | 14.00 | 218.00 | 531.00 | 2.50 | 4.50 |  |
|  | ZY-3 | 0.76 | 428.00 | 460.00 | 13.44 | 1120.00 | 28.60 | 789.00 | 133.10 | 1040.00 | 150.00 | 16.70 | 427.00 | 1530.00 | 1.51 | 4.77 |  |
| 浅水缓坡 (SRB) | ghb-3 | 0.46 | 0.63 | 48.00 | 2.00 | 5.00 | 1.50 | 10.00 | 29.00 | 4840.00 | 9.00 | 4.70 | 41.60 | 56.40 | 0.40 | 1.20 | 1.01 |
|  | ghb-3' | 2.08 | 3.76 | 9.73 | 0.13 | 18.70 | 1.39 | 11.90 | 3.91 | 83.30 | 26.10 | 3.93 | 141.00 | 85.50 | 1.45 | 1.61 |  |
| 深水缓坡 (DRa) | W-4 | 2.36 | 1.08 | 68.80 | 4.55 | 3.36 | 3.78 | 20.00 | 49.94 | 17600.00 | 26.90 | 2.65 | 40.40 | 59.70 | 0.29 | 2.22 | 5.22 |
|  | MC-5 | 4.71 | 0.70 | 14.50 | 1.07 | 26.90 | 2.89 | 17.50 | 4.55 | 84.80 | 5.56 | 47.00 | 31.10 | 399.00 | 6.05 | 7.31 |  |
|  | ZY | 7.70 | 2.09 | 3.30 | 1.01 | 28.30 | 0.75 | 11.80 | 8.47 | 87.40 | 5.46 | 16.60 | 16.20 | 103.00 | 8.28 | 3.30 |  |
| 上斜坡 (Slu) | LWJ | 4.03 | 175.00 | 20.90 | 14.87 | 669.00 | 0.79 | 415.00 | 309.10 | 97.10 | 25.20 | 13.40 | 1870.00 | 20400.00 | 2.18 | 3.55 | 18.05 |
|  | KJ-1 |  | 113.00 | 76.00 | 4.00 | 136.00 | 2.10 | 110.00 | 171.00 | 42.00 | 51.00 | 10.30 | 358.00 | 240.00 | 0.50 | 3.20 |  |
|  | KJ-2 |  | 3.57 | 22.00 | 2.00 | 67.00 | 2.70 | 30.00 | 19.00 | 47.00 | 5.00 | 17.90 | 591.00 | 10000.00 | 2.50 | 3.10 |  |
|  | KJ-3 |  | 56.60 | 40.00 | 5.00 | 61.00 | 3.30 | 30.00 | 38.00 | 50.00 | 11.00 | 28.20 | 456.00 | 10000.00 | 1.60 | 4.50 |  |
|  | KJ-4 |  | 26.20 | 18.00 | 2.00 | 16.00 | 4.90 | 20.00 | 14.00 | 716.00 | 5.00 | 27.40 | 347.00 | 1010.00 | 1.30 | 4.00 |  |
|  | KJ-5 |  | 6.59 | 58.00 | 2.00 | 69.00 | 10.30 | 50.00 | 25.00 | 194.00 | 5.00 | 46.50 | 101.50 | 259.00 | 5.90 | 8.00 |  |
|  | KJ-6 |  | 113.50 | 55.00 | 12.00 | 339.00 | 2.90 | 110.00 | 99.00 | 83.00 | 7.00 | 14.90 | 374.00 | 1160.00 | 1.10 | 4.40 |  |
|  | KJ-7 |  | 59.70 | 484.00 | 116.00 | 7740.00 | 14.30 | 2030.00 | 662.00 | 179.00 | 31.00 | 128.00 | 35.10 | 441.00 | 9.40 | 19.30 |  |
| 缓斜坡 (GFS) | MF-3 | 0.77 | 0.77 | 12.30 | 0.22 | 26.20 | 0.87 | 17.20 | 2.89 | 105.00 | 1.26 | 5.80 | 2260.00 | 3320.00 | 3.07 | 2.17 | 3.35 |
|  | MF-5 | 3.02 | 3.02 | 11.40 | 0.64 | 52.20 | 1.13 | 37.20 | 11.99 | 209.00 | 3.56 | 7.24 | 1570.00 | 29700.00 | 3.60 | 2.69 |  |
| 平均值 | 平均 |  | 55.79 | 77.31 | 1.43 | 516.58 | 5.72 | 127.00 | 79.50 | 76.30 | 14.00 | 108.00 | 382.00 | 3407.35 | 18.30 | 16.70 |  |
|  | 地壳平均 | 7.60 | 2.07 | 81.30 |  | 143.00 | 24.70 |  | 56.00 |  |  |  |  | 463.00 |  |  |  |
|  | 沉积岩 |  | 2.8 | 56 |  | 90.00 | 15.00 |  | 40.00 |  |  |  |  | 538 |  |  |  |
|  | 富集系数 |  | 19.93 | 1.38 |  | 5.74 | 0.38 |  | 1.99 |  |  |  |  | 6.33 |  |  |  |

注：(1) 地壳平均及沉积岩丰度数据（黎彤，1992）；富集系数=微量元素在岩石中的平均丰度/沉积岩中的丰度。(2) 样品 GI-4、GI-6 及 GI-7 资料来源于张杰等（2008）；其余样品测试单位：中国科学院地球化学研究所及澳实分析检测集团（澳实矿物实验室）

含磷岩系样品表现出富亲铁元素 Mo、亲铜元素 Pb 以及亲石元素 Ba、Sr、U 的特征。

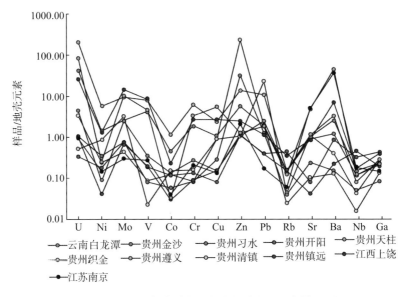

图 5-3　扬子区寒武系底部含磷岩系微量元素蛛网图

## 1.微量元素与氧化还原环境的关系

沉积环境的氧化还原状态影响着一些变价元素的迁移、共生、沉淀过程，它们在沉积物或沉积岩中的富集程度通常能够反映沉积时水体的氧化还原状态。在氧化状态下，U、Mo、V 等元素呈高价易迁移，而在还原条件下则呈低价易沉淀。在缺氧环境中，Ni、Cu、Zn 和 Co 等亲硫元素常以硫化物形式沉淀，Th 元素一般不受氧化还原条件变化的影响，跟与它共生的变价元素 U、V 等形成鲜明对比（Hiroto et al.，2001）。而且成岩作用对 Th、U、Ni、Co、Zn 等大部分过渡元素影响较小，即使含量发生变化，其相关元素比值和分布形式也仍然保持平衡（Mongenot et al.，1996；Alberdi et al.，1999），所以这些元素是恢复古海洋氧化还原状态较为理想的指标。因此，采用 Mo、U、V 等氧化还原敏感微量元素在不同氧化-还原条件下的地球化学行为差异，对恢复古海洋沉积环境的氧化还原状态具有指示意义（常华进等，2009）。

## 2.微量元素含量指示水体生产力及氧化还原环境的变化

根据国内外学者对微量元素的研究发现，Cu、Ni、Ba 等元素在沉积物中的多少可以指示水体初级生产力水平，这些金属元素是浮游植物所需微量营养元素，低浓度的微量元素促进植物生长，这些金属元素被吸收进入浮游植物体，随着植物有机质沉降进入沉积物中（Nameroff et al.，2002）。因此，这些金属元素在沉积物中的含量与有机质密切相关，可以指示水体有机质通量和初级生产力，形成硫化物（$CuS$、$CuS_2$、$NiS$）、晶体（$BaSO_4$）或进入硫铁矿，这些元素的原始沉积记录能得到较好的保存（Nameroff et al.，2004），尤其是沉积物总钡（Ba）和硫酸钡性质稳定，是应用最为广泛的古生产力指标之一（Martinez-Ruiz et al.，2000；Cardinal et al.，2005）。另外，存在于底栖有孔虫碳酸钙壳体中的 Cd、Ba 等元素，因其与水体中元素浓度和生物生长密切相关而保存了许多古水体的环境信息，并且壳质有效地保护了这些化学元素不被溶解或发生成岩作用，使它们成为可靠的初级生产力指标（Boyle，1988；Sen-Gupta et al.，2003；于宇等，2012）。

沉积物某些微量元素在沉积物中的富集或贫化还可指示水体和沉积物的氧化还原环境，如 U、V、Cu 等氧化还原敏感元素在沉积物中的富集或贫化可指示水体和沉积物的氧化还原环境。主要是因为这些元素的溶解度会随着氧化还原条件的变化而变化，如 Mo 在氧化条件下形成氧化物或氢氧化物沉积，而在还原条件下从沉积物中迁移出去（宋金明，1997）。此外 U、V 也是指示水体氧化还原环境的理想指标，因为它们为变价元素，对氧化还原环境变化非常敏感，以自生来源为主，受成岩作用影响小（Tribovillard et al.，2006）。

综上所述，沉积物水界面氧化还原环境主要由有机质沉降通量和氧化剂从上层水体的提供状况决定。很多情况下，水体的缺氧环境是由大量有机质分解消耗氧气而造成的。因此水体的缺氧环境常常与高生产力相联系（Boning et al.，2004；Brumsack，2006）。二者的密切关系对古环境研究有利，因为当沉积物指标指示水体缺氧时，往往可以推测初级生产力水平可能较高，反之亦然。

由表 5-7 可以看出，部分元素与地壳中沉积岩的平均丰度（黎彤，1992）相比较，本区含磷岩系中 U、Ba、Cu、V、Ni 的含量较高，明显富集，分别是沉积岩丰度值的 19.93、6.33、5.74、1.99 和 1.38 倍。其中 Cu、Ni、Ba 在贵州天柱、江西上饶及江苏南京等地的磷结核中超常富集，尤其是 Ba，最高达到 $29700.00 \times 10^{-6}$，U、V 等氧化还原敏感元素在此区含量也高，基本都超过了沉积岩丰度，说明在此区域内含磷岩系形成于具有高生产力的缺氧环境中；在形成大规模磷矿的云南白龙潭、贵州织金等地，以上元素富集程度较低，除 Cu、U 略超过沉积岩丰度外，其余元素均未达到沉积岩丰度水平，说明在此区磷矿的形成环境为具有低生产力的氧化环境。

3.V/Ni

V、Ni 均可以被黏土或细粒碎屑吸附，但它们具有不同的富集机制，V 主要与浮游和固着的藻类吸附有关，而 Ni 则更与近岸动物的生命活动关系密切（吴湘滨等，2001）。由此可见，离岸距离越远，水体越深，为还原环境，沉积物中 V 含量逐渐增高，Ni 含量逐渐降低。

由表 5-7 微量元素参数计算结果可见，处在浅水缓坡相的云南白龙潭，贵州织金、金沙、遵义等地含磷岩中 V/Ni 平均值为 4.25，为相对氧化环境；在浅水缓坡浅滩相的习水 V/Ni 平均值为 1.01，为氧化环境；深水缓坡的清镇、开阳 V/Ni 平均值为 5.22，为相对还原环境；而处于上斜坡相的贵州天柱、江西上饶等地的磷结核中，V/Ni 很大，平均达 18.05，表明沉积水体最深，为远离海岸的深水斜坡-盆地还原环境。

## 5.4　小　　结

本章通过对扬子区寒武系底部含磷岩系元素地球化学特征的对比分析研究，主要获得以下几个方面的认识。

（1）轻、重稀土元素的分异规律呈从浅水缓坡相轻、重稀土比值为 1 左右，到深水缓坡相为 3 左右，然后再到上斜坡相为 0.80 左右变化的趋势。造成 LREE/HREE 值在深水缓坡相高的原因主要有两方面：一是在此区沉积环境处于相对还原的环境，活动性较强的轻稀土 $Ce^{3+}$ 不易被氧化成 $Ce^{4+}$ 形成络合流失，因而轻稀土总量偏高，二是硅质聚集对轻稀土 Ce 沉积有利。$\delta Ce$ 呈从浅水缓坡相—深水缓坡相—上斜坡相逐渐增加的变化趋势，说明沉积环境至西向东从弱还原环境逐渐转变为较强还原环境。

（2）通过对扬子区寒武系底部含磷岩系及磷结核中稀土配分曲线的比较，发现其稀土元素球粒陨石标准化模式曲线趋势大体相同，稀土配分曲线均呈缓右倾型。在浅水缓坡相区内的磷块岩中稀土配分曲线均具 Ce 负异常，而且织金含磷岩系部分样品中 Ce 负异常较明显；处在浅水缓坡浅滩相区的含磷岩系稀土配分曲线显示 Ce 异常程度均较弱，而且曲线较陡；处在上斜坡相区的几个地区的磷结核中的稀土配分曲线显示 Ce 异常特征不明显，且曲线较平缓。

（3）通过对磷块岩中常量、稀土元素的研究发现，稀土含量与碳氟磷灰石矿物中 $P_2O_5$ 含量呈正相关关系。从深水到浅水，上升洋流作用引起的磷沉积序列为：高稀土磷结核—低稀土低磷硅质岩—高硅富稀土磷块岩—磷块岩。织金地区磷块岩普遍富集稀土元素，其主要是由于洋流上升过程中富磷、硅及稀土水团通过织金通道沉积造成的。

（4）通过对含磷岩系微量元素研究发现，在贵州天柱、江西上饶及江苏南京等地的磷结核形成于缺氧环境；在形成大规模磷矿的云南白龙潭、贵州织金等地，形成环境为弱还原环境或氧化-还原环境；根据 V/Ni 分析研究可知，扬子区寒武系底部含磷岩系至西向东水体逐渐变深。

# 第6章　扬子区寒武系底部含磷岩系中元素的分异特征

## 6.1　成磷过程中元素分异机理

震旦纪-寒武纪交替时期是地质历史上非常重要也是极为复杂的一个时期，如生物大爆发、全球性缺氧事件、热水(液)沉积成岩、成矿作用等均发生在此时期，因而此时期成为众多学者关注的焦点。国内外学者对此作了大量的研究工作，其中针对生物演化、黑色岩系及黑色岩系型矿床的研究最为深入(Coveney et al.，1989；胡凯等，1995；温汉捷等，2000；雷加锦等，2000；曾庆辉等，2006)，取得了大量显著的成果。而震旦纪-寒武纪过渡时期也是我国主要的磷矿形成时期，此时期含磷层位在扬子区广泛分布，由于受沉积环境的控制，形成的磷矿特征各不相同，在云南—贵州—湖南—江西—江苏一带沉积一层含磷岩系或磷块岩，在贵州织金新华一带形成了超大型磷及稀土共生的磷块岩矿床，因其富含高稀土元素而成为当今地质界研究的焦点(张杰等，2003，2004a，b；陈吉艳等，2005；施春华等，2008)。震旦纪-寒武纪交替时期海洋环境的变化及古地理面貌的变迁等因素对区域成岩、成矿作用及元素分异机理起控制作用，造成扬子区寒武系底部磷质堆积及元素分异机理较为复杂，影响因素复杂多样。例如，深海上返洋流、介质(海水)pH、古地理背景、海洋化学组成、气候及生物变化等。本书就洋流上升、介质(海水)pH 对磷质堆积、稀土及微量元素分异机制起主要控制作用的两种因素作具体分析。

### 6.1.1　洋流上升

A.B.卡查科夫根据海洋学和水化学资料，研究了近代海水中磷的分布情况和 $P_2O_5$-CaO-HF-$H_2O$ 相平衡的关系，系统阐明了磷化学沉积的过程(图 6-1)。分析认为，上层海水(50m 以上)是浮游生物的活动地带，该区域因磷质被生物吸取而几乎不含磷，因海水中的磷已被生物大量吸取，$P_2O_5$ 最高为 50mg/m³，一般低于 2～5mg/m³，该带 $CO_2$ 的分压力不超过 $3×10^{-4}$ 大气压。当生物死亡后向海底下沉，将表层水中磷质带到较深水层。由于有机物死亡后分解出 $CO_2$，因而在相对深水区因生物体堆积而引起 $CO_2$ 含量升高，分压力增大，海水溶解磷的能力增大。在距海面 500～1000m 深处，$CO_2$ 分压力约为 $12×10^{-4}$ 大气压，生物遗体在此处完全分解，使磷大量溶解在海水中。在深 300～800m 的海水中，磷含量为 300～

600mg/m³，最高达 1000 mg/m³，由于海水的垂直循环，当富含磷和 $CO_2$ 的深部海水上升到陆缘地带时，随着海水深度的变浅，$CO_2$ 不断向浮游植物光合带扩散，造成分压力减小，使海水中钙质含量明显增高，形成高钙含量的水面屏障，部分碳酸钙也因过饱和而发生沉淀，进而为成磷生物提供较为富氧且封闭的环境，磷质堆积则主要以氟磷灰石的形式沉淀下来。因此，磷酸盐沉积在陆缘带的上部和中部(海水深度为 50～150m)，常形成鲕状构造的胶状磷灰岩。

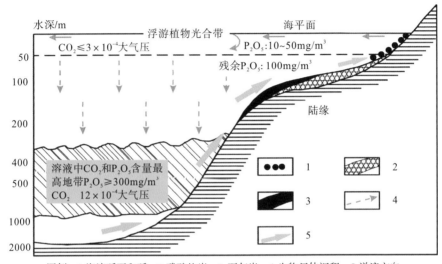

图例：1-海滨砾石和砾；2-磷酸盐岩；3-石灰岩；4-生物尸体沉积；5-洋流方向

图 6-1　海洋沉积磷酸盐岩生成机理图(袁见齐等，1993)

### 1.P$_2$O$_5$、CaO、SiO$_2$ 及 REE 分异特征

扬子区寒武系底部含磷岩系以富含 $P_2O_5$、CaO、$SiO_2$ 及$\sum$REE 为特征，在云南白龙潭及贵州织金一带分别形成具规模的磷矿床及含稀土磷矿床，$P_2O_5$ 含量为 10.58%～33.5%，$SiO_2$ 介于 2.77%～26.3%，CaO 介于 26.8%～48.19%，$\sum$REE 为 $269.4 \times 10^{-6}$～$1224.27 \times 10^{-6}$。

由图 6-2 可知，除 ghb-3 样品外，其余样品中 CaO 和 $P_2O_5$ 与$\sum$REE 呈明显的正相关关系，样品 YN-1、P1、P2 和 YK- 2 中 $SiO_2$ 含量与 CaO、$P_2O_5$ 和$\sum$REE 呈负相关关系。野外调查发现，扬子区寒武系底部磷块岩产出层位常与硅质岩、含磷硅质岩共生，也可见微细粒黄铁矿等硫化物分布。通过对扬子区寒武系底部富稀土磷块岩地球化学特征研究，认为其属于正常海相生物-化学沉积为主并伴随海相热水沉积混合成因(张杰等，2004b)；对含磷岩系作岩石地球化学、矿物学、年代学等研究，认为磷块岩(矿)形成过程中有明显的热液(水)物质参与(王敏等，2005；施春华等，2008)，暗示磷块岩中高稀土特征可能源于深部物质，可能为新生代幔源物质(施春华等，2008)。而扬子区寒武系底部广泛分布的含磷岩系显示的热水(液)特征，其可能的解释为：积极的成磷生物对海水中磷质进行吸附，在生物体死亡、搬运、沉淀过程中，在深海发生的类似现代海底"黑烟囱"活动所携带的深部热水(液)物质混入沉积于未固结成岩的含磷软泥土中，由于海平面波动，将深海区软泥物质带至浅海区沉积-成岩，因此，所形成的岩(矿)石普遍继承了热水的特性。

从图 6-2 可看出，样品 YN-1、P1、P2 和 YK-2 中 $SiO_2$ 含量与 CaO、$P_2O_5$ 和 $\sum REE$ 呈负相关关系，$SiO_2$ 多是深部含硅热水(液)带来的，为海相热水(液)成因。$SiO_2$ 在浅水缓坡相区表现出与深水缓坡相 W-4、浅水缓坡浅滩相 ghb-3，上斜坡相 LWJ、KJ-4、JS-3 和缓斜坡相 MF-3、MF-5 不同的变化规律，这可能归因于晚震旦纪上扬子陆表海西南缘康滇古陆隆升，大规模岩浆侵位，火山活动频发，造成大气中 $CO_2$ 含量增加，进而促进出露地表岩石的化学风化作用加强，大量风尘物质被带入浅海相区，参与了浅海相成岩、成矿活动，从而削弱了岩(矿)石中所继承的海相热水(液)特征，显示出正常海相生物化学与海相热水混合成因模式。

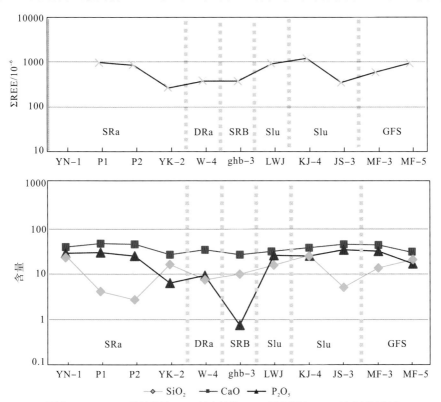

图例：YN-1~MF-5-样品编号；SRa-浅水缓坡；DRa-深水缓坡；SRB-浅水缓坡浅滩；
　　　Slu-上斜坡；GFS-缓斜坡

图 6-2　扬子区寒武系底部含磷岩系中 $P_2O_5$、CaO、$SiO_2$ 及 $\sum REE$ 分异特征
（相区划分据蒲心纯等，1992，有简化）

　　YN-1（云南白龙潭磷矿）样品中，CaO、SiO$_2$ 和 CaO 含量相差不大，稀土含量也较低，形成具规模的磷块岩矿床，其原因一方面是受上升洋流作用，同时可能也受西南部康滇隆起的影响，地表含磷岩石产生风化，风化形成的磷质常以含磷风化物被带入浅水缓坡相区沉积成矿。在贵州织金地区 P$_2$O$_5$ 和 ∑REE 呈正相关关系特征最为突出，∑REE 作为磷块岩的主要伴生元素，其稀土富集的原因有两种可能：一是稀土元素可来源于扬子板块东南缘与华南洋盆西侧湘、桂边境的板块缝合带，随溶解磷酸盐上升流带入浅海区，被含磷沉积物吸附、富集而成，与上升洋流及沉积环境关系密切；二是由于稀土元素离子半径与磷灰石晶体中 Ca$^{2+}$ 素离子半径相近，大部分稀土元素易以类质同象方式进入胶磷矿中，造成磷含量高其稀土含量也高的趋势，形成低硅富稀土磷块岩。在贵州金沙岩孔（YK-2）及清镇（W-4）一带的含磷岩系中 SiO$_2$ 含量较高，P$_2$O$_5$ 和 ∑REE 都较低，形成低稀土低磷硅质岩。在上斜坡相 LWJ、KJ-1、KJ-5 及缓斜坡相 MF-3、MF-5 等地的磷结核中，P$_2$O$_5$、CaO 及 ∑REE 含量较高，SiO$_2$ 含量较低，形成高稀土磷结核。

　　通过以上分析可知，扬子区寒武系底部含磷岩系受上升洋流作用的影响，从深水到浅水区引起的 P$_2$O$_5$、CaO、SiO$_2$ 及 ∑REE 分异作用和沉积序列为：高稀土磷结核—低稀土低磷硅质岩—低硅富稀土磷块岩—磷块岩。贵州织金地区磷块岩富集稀土主要由于洋流上升过程中富磷及稀土水团通过织金通道时，被含磷沉积物吸附、富集而成。

### 2.微量元素分异特征

　　磷块岩是一种典型的化学沉积岩，其微量元素丰度介于泥岩和碳酸盐岩之间。磷块岩中 Sr、U 等含量较高，是因为它们更优于其他元素以类质同象的形式进入磷灰石晶格，Ni、Mo、V、Sb、As、Pb、Zn 含量偏高可能源于共生的硫化物组合。Gulbrandsen（1966）认为，Ni、V、Mo、Pb、Zn 及 Cu 等在磷块岩中含量偏高常与有机质吸附有关，暗示扬子区寒武系底部含磷岩系中 Ni、V、Mo、Pb、Zn、Sr 和 Ba 元素富集可能与生物有机质存在密切关系。

　　吴祥和等（1999）研究发现，扬子区寒武系底部含磷岩系上段主要岩性为磷质黑色黏土岩、含磷胶磷块岩结核和似层状透镜体，此层富含星散状黄铁矿及 Ni、Mo、V、U 等微量元素，多金属硫化物层就位于该段顶部。云南白龙潭及贵州织金、金沙、习水富 U、Mo、V；贵州遵义地区富 Ni 和 Mo；贵州开阳、清镇和镇远含磷岩系微量元素含量较低，含磷岩系由薄层状硅质岩、含磷硅质岩及少量碳质页岩和硅质砾屑磷块岩组成，其中硅质岩及含磷硅质岩发育水平纹层，说明这一套沉积物是在潮下较为安静但又有间歇震荡的浅水环境中形成的；贵州铜仁坝黄地区表现出含 U 和重稀土元素的滑塌角砾岩，砾间一般无填隙物，偶见碳质黏土岩；贵州天柱、江西上饶及浙江江山一带的南东区域含磷岩系富 Mo、V，尤其是 V 含量较高，含磷岩系下段为灰黑色薄层状硅质夹叶片状黑色黏土岩，含磷块岩结核及磷质细纹层，上段为黑色碳质页岩。

由以上分析可知，扬子区寒武系底部含磷岩系微量元素含量高的地区主要是在氧化界面之下极为安静的环境中，由悬浮物沉积和滞积形成（图 6-3）。

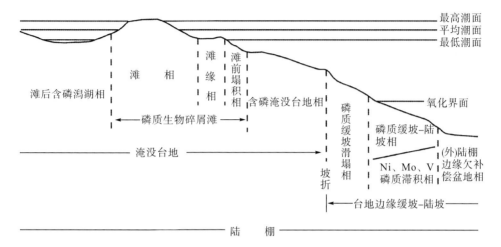

图 6-3　扬子区下寒武统梅树村组沉积环境及沉积相模式图（据吴祥和等，1999）

但是，以上研究仅限于对微量元素在含磷岩系各层位中大致的分布规律，对不同元素在不同沉积环境下的分异及沉积特征有待进一步研究。本研究对扬子区系统采集的含磷岩系样品作微量元素分析，试图探讨部分微量元素在不同沉积背景下的分异机理。

3.Mo、Ni、V、Cu、Pb 及 Zn 等分异特征

本次研究的扬子区寒武系底部含磷岩系微量元素 Mo、Ni、V、Cu、Pb 及 Zn 的分布特点见图 6-4，由图 6-4 可看出，V 和 Cu 在不同沉积环境下分布特征不同，在浅水缓坡相的云南白龙潭（YN-1、YN-8），Cu、Ni 含量较低，V 含量较高；贵州织金（Gl-4、Gl-6、Gl-7）Pb、Cu 含量较高，Ni、Mo、V 含量均较低，Mo 含量最低；在浅水缓坡相和浅水缓坡浅滩相的分界点，在深水缓坡相（MC-5、ZY）、上斜坡相（KJ-2、KJ-5）及缓斜坡相（MF-3、MF-5）中，V、Cu 含量呈现相反趋势，即在这几个沉积相区内，V 含量最高，Cu 含量最低。Zn 分异特征不明显。大部分样品中（除 ZY 外）Ni 处于中间位置，V、Ni 在上斜坡相中含量最高，均达 $70×10^{-6}$ 左右。

根据朱筱敏（2008）对沉积物中微量元素的搬运、沉积的研究认为，深海洋流带来的微量金属元素在溶液中一般是呈胶体溶液的形式搬运，胶体溶液是指带有电荷，大小为 $1～10\mu m$，多呈分子状态的胶质质点。胶体质点带正电荷者为正胶体，如 Fe、Al 等的含水氧化物胶体；带负电荷者为负胶体，如 Si、Mn 等的含水

氧化物胶体(表6-1)。

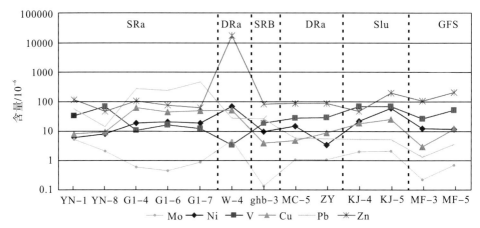

图例：YN-1~MF-5-样品编号。SRa-浅水缓坡；SRB-浅水缓坡浅滩；DRa-深水缓坡；
Slu-上斜坡；GFS-缓斜坡

图6-4　扬子区寒武系底部寒磷岩系中微量元素 Mo、Ni、V、Cu、Pb 及 Zn 分异特征
（相区划分据蒲心纯等，1992，有简化）

表6-1　自然界常见的正负胶体

| 正胶体 | 负胶体 |
| --- | --- |
| $Al(OH)_3$，$Fe(OH)_3$ | $CuS$，$CdS$，$As_2S_3$，$SbS_2$ |
| $Cr(OH)_3$，$Ti(OH)_4$ | $S$，$Au$，$Ag$，$Pt$ |
| $Ce(OH)_4$，$Cd(OH)_2$ | 黏土质胶体，腐殖质胶体 |
| $CuCO_3$，$MgCO_3$ | $SiO_2$，$SnO_2$ |
| $CaF_2$ | $MnO_2$，$V_2O_5$ |

注：据朱筱敏(2008)

朱筱敏(2008)认为，引起胶体质点在水中搬运的主要因素是同种电荷胶体质点之间的相互排斥力，如果胶体质点的电荷在某些因素的影响下被中和了，它们之间的相互排斥力就会消失，它们就会相互凝聚为大的质点，并在重力的作用下迅速下沉而成为胶体沉积物。因此，胶体质点电荷的中和是胶体溶液物质沉淀的根本原因。电荷相同的胶体在同一沉积层位不会同时沉淀，具有排斥作用。

根据以上理论，结合扬子区寒武系底部含磷岩系微量元素 Ni、V、Cu 的分布特点，说明造成这些元素的分异主要原因可能与沉积物中胶体质点带的电荷有关，如 V 和 Cu 两种元素。由表6-1可以看出，$CuS$ 和 $V_2O_5$ 都为负胶体，它们都带相同电荷，所以 V 和 Cu 在沉积物中通常不能共存，两者具有排异作用。

## 4.Ba 分异特征

扬子区寒武系底部含磷岩系微量元素 Ba 的分布特点见图 6-5，在浅水缓坡相 SRa（YN-1、YN-8、Gl-4、YK-2 及 YK-2′）中，Ba 含量为 600×10$^{-6}$ 左右，浅水缓坡浅滩相（ghb-3、ghb-3′）和深水缓坡相（W-4、ZY）中，Ba 含量较低，上斜坡相（LWJ）中，Ba 含量最高，达 20400×10$^{-6}$ 以上。Ba 元素富集堆积机理类似于华南下寒武统重晶石成矿效应（高怀忠，1998），早寒武世重晶石成矿范围主要发生在陆棚-陆坡过渡部位，深部断裂控制的含矿流体运移至此，因有机质数量变化、氧化还原条件改变，使成矿物质卸载堆积成矿。同时，该相带是地形转折带，也是同生断裂发育相带，因此热水沉积发育，往往形成热水沉积重晶石矿床。

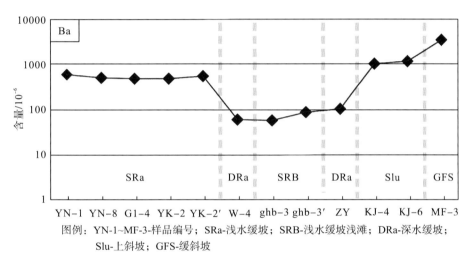

图 6-5    扬子区寒武系底部寒磷岩系中微量元素 Ba 的分异特征

（相区划分据蒲心纯等，1992，有简化）

从图 6-5 也可看出，扬子区寒武系底部含磷岩系中 Ba 元素在深水区上斜坡最易沉积，而浅水缓坡浅滩和深水缓坡则充当了中转站的作用，过去沉淀的钡质则源源不断地被搬运到浅水缓坡及缓斜坡再次沉积。这显示了 Ba 的富集主要受沉积环境及有机质数量变化的控制（刘英俊等，1984；高怀忠，1998），同时也揭示磷块岩形成过程中有生物作用的参与。

## 5.V/Cr

Jones 等（1994）研究发现 V/Cr 小于 2 时为氧化条件，处于 2～4.25 时为弱氧化条件，大于 4.25 时则处于闭塞的还原条件。对扬子区寒武系底部不同沉积背景下含磷岩系 V/Cr 研究发现（图 6-6），V/Cr 在各相区有明显差异，在深水区上斜坡相为 0.8~3.81，深水缓坡相为 0.16~2.39，浅水缓坡浅滩相为 0.5～1.57，浅水缓坡相为 1.1～5.28，缓斜坡相为 1.4～1.52。由此可以看出，除浅水缓坡相 YK-2′样品 V/Cr 高达 5.28 以外，其余均小于 4.25，且大多数小于 2，说明扬子区寒武系底部含磷岩系多处于氧化-弱氧化环境，利于海洋生物的生存。

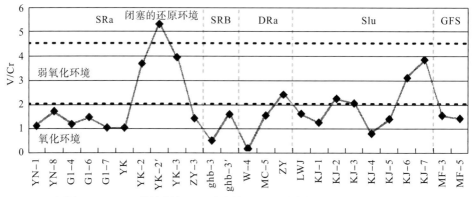

图例：YN-1~MF-5-样品编号。SRa-浅水缓坡；SRB-浅水缓坡浅滩；DRa-深水缓坡；
Slu-上斜坡；GFS-缓斜坡

图 6-6 扬子区寒武系底部寒磷岩系中 V/Cr 特征(相区划分据蒲心纯等，1992，有简化)

从图 6-6 可以看出，从云南白龙潭至江苏南京幕府山一带，V/Cr 表现出两个高值，其一为贵州织金至金沙一带，其二为江西上饶一带，这两个区域可能为相对浅水区内的凹陷盆地或洼地，所处环境为局限还原环境，理论上来讲对生物的生存和繁衍不利，但这样的负地形恰好为上返洋流带来的成矿物质堆积提供了场所，是磷质聚积的有利地带。由此看出，根据 V/Cr 及微量元素 Pb、Cu 含量分析，均显示在贵州织金一带为局限还原环境，由于存在特殊的沉积环境，这也可能正是造成此地磷块岩形成，并与其他地区形成的磷块岩在成分组成上存在较大差异的原因之一。

6.U/Th

由于热水沉积岩类沉积速率高，富含 U，常以 U/Th＞1 为特征而有别于非热水沉积岩(Rona，1987)。磷块岩常具有较高的 U/Th，原因在于 U 比 Th 更易进入磷酸盐矿物的晶格。从表 6-2 和图 6-7 可看出，除深水缓坡相区(DRa)U/Th 值小于 1 外，其余均大于 1。其中贵州金沙岩孔 YK-2′ 和遵义 ZY-3 样品的 U/Th 值最大，分别为 83.47、563.15，这可能与成磷作用后期海底深断裂控制的热水喷流作用有关，贵州遵义松林一带可能是寒武系热水喷流的喷口所在区域，早寒武纪时期在遵义松林形成了大型的钼镍矿床，研究认为其属于典型的热水沉积矿床(李胜荣等，1995；毛景文等，2001；Mao et al.，2002；杨瑞东等，2005；周明忠等，2008)，该高温成矿热液流体在运移过程中，必将会对前期沉积的岩层造成一定影响，使其显示明显的热水沉积特征。抛开上述两件高值样品，可以看出，从深水区上斜坡相向两侧浅水缓坡相、深水缓坡相区及缓斜坡相过渡，热水活动影响强度逐渐减弱，温度逐渐降低，水体逐渐变浅，这样舒适的海洋环境也是海洋生物高度聚集的区域，特别是在氧化还原界面以上，生物繁衍迅速，活动范围广阔，这也为后期成磷作用的发生奠定了基础，也是磷矿(磷块岩)形成的有利区域。

表 6-2　不同沉积相带含磷岩系 U/Th 值特征

| 沉积环境 | 样品编号 | 岩性 | U/Th |
|---|---|---|---|
| 浅水缓坡 SRa | YN-8 | 磷块岩 | 2.18 |
| | YK | 磷块岩 | 15.51 |
| | YK-2 | 磷块岩 | 37.27 |
| | YK-2′ | 磷块岩 | 30.31 |
| | YK-3 | 磷块岩 | 83.47 |
| | ZY-3 | 磷块岩 | 563.15 |
| 浅水缓坡浅滩 SRB | ghb-3 | 磷块岩 | 1.37 |
| | ghb-3′ | 磷块岩 | 1.80 |
| 深水缓坡 DRa | W-4 | 磷块岩 | 0.45 |
| | MC-5 | 硅质磷质白云岩 | 0.14 |
| | ZY | 硅质磷质白云岩 | 0.27 |
| 上斜坡 Slu | LWJ | 磷质结核 | 43.42 |
| 缓斜坡 GFS | MF-3 | 磷质结核 | 1.00 |
| | MF-5 | 磷质结核 | 1.00 |

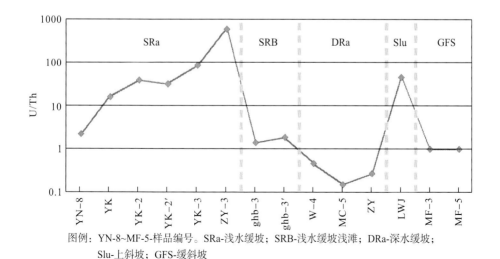

图例：YN-8~MF-5-样品编号。SRa-浅水缓坡；SRB-浅水缓坡浅滩；DRa-深水缓坡；
　　　Slu-上斜坡；GFS-缓斜坡

图 6-7　扬子区寒武系底部含磷岩系中 U/Th 特征(相区划分据蒲心纯等，1992，有简化)

### 6.1.2 介质 pH 值影响

叶连俊等(1989)通过实验研究表明，碳氟磷灰石在水介质中由微酸性向碱性转变时出现沉淀，这可能是造成地层剖面上结核状、凝胶层状磷块岩往往发育在硅质岩向黑色页岩过渡的层位上的重要原因。当溶解磷酸盐水团的上升流从海底上涌时，在缺氧水层下部，$CO_2$ 含量很高，导致 pH 偏低，引起碳酸盐严重不饱和。因此分布于扬子区寒武纪早期非碳酸盐沉积区的结核状、凝胶层状磷块岩，其形成深度与碳酸盐补偿深度关系不大，而与缺氧水层的深度范围关系密切，其深度在 1000m 左右。

随着洋流上升，沉积界面大致位于缺氧水层至浪基面附近。矿层主要由结核状磷块岩和凝胶层状磷块岩组成，伴有陆源黏土和少量粉砂屑。矿层一般较薄，延伸不稳定，且 $SiO_2$ 含量高。由于沉积界面常受到缺氧水层和基底地形的限制，加之都处于上升流流经途中，滞留在海底沉积物孔隙中的溶解磷酸盐水体大多呈不饱和状态，在这一区域形成的磷块岩(矿床)品位均较低，规模也不大，此类磷矿床与最大海泛面形成期间的凝缩层和缺氧沉积物关系最为密切。事实上，这些矿床很大一部分都是凝缩层构成的。因此除磷块岩以外，此层微量元素较富集，大多以金属硫化物的形式存在，具有一定的工业利用价值。贵州天柱、江西上饶及浙江江山的磷结核层主要就出现在此层位。贵州铜仁留茶坡组上部与硅质岩间夹黑色碳质页岩中的结核状磷块岩，明显地表明 $SiO_2$ 饱和状态暂且结束，水体微酸性转为偏碱性时，形成磷结核和黏土悬浮沉积。后者沉积物的不断积累导致水体中 $SiO_2$ 逐渐达到过饱和状态，重新又出现硅质沉积。因此，留茶坡组上部的结核状磷块岩，与最大海泛面关系不大，它们应属于海侵体系域的产物。

随着洋流上升水团进入浅水区，穿过硅质过饱和层，水体中氧含量增加，$CO_2$ 分压减少，磷沉淀较多，在淹没台地边缘的贵州清镇、开阳等地沉积含磷硅质岩。由于 $SiO_2$ 和大多微量金属元素为同性胶体(朱筱敏，2008)，具有排异作用，造成在此区沉积的微量元素含量偏低。

随着洋流上升水团继续上升，水中 $CO_2$ 向大气中逸出，使其分压力减小，pH 增大，使溶解的 $Ca(HCO_3)_2$ 转变为 $CaCO_3$ 而沉淀，水中磷酸钙饱和，以氟磷灰石的形式沉淀下来。因此，磷酸盐沉积在陆缘带的上部和中部(海水深度为 50~150m)生成鲕状构造的胶状磷块岩，如贵州织金含稀土硅质磷块岩、白云质磷块岩等。

洋流上升水团继续上升，$CO_2$ 逸出，pH 继续增大，由微酸性向碱性转变，这时最易形成高品位的磷块岩，如在云南白龙潭一带形成具工业价值的磷块岩，硅质含量较低。

由以上分析可得出，受 pH 从深海到浅海由低到高变化的影响下，$P_2O_5$、CaO、

$SiO_2$ 的沉积特征为:磷结核—含磷硅质岩—硅质磷块岩—白云质磷块岩—磷块岩,与洋流上升引起的元素分异特征一致。

## 6.2　沉积环境控制因素分析

扬子区早寒武世时期古地理情况比较复杂,呈现西北高并向东南逐渐倾斜的地势,沉积相类型及其岩石地层多种多样。扬子区含磷岩系元素分异沉积的原因主要是受沉积环境和介质 pH 的影响。在贵州天柱、江西上饶及浙江江山等地为磷质缓坡-陆坡相及镍、钼、钒磷质滞积相,其沉积环境为还原环境,介质 pH 较小,不利于磷的沉积。在贵州清镇、开阳一带均为淹没台地相,水体深,水动力弱,能量低,磷含量低,$CO_2$ 虽已部分逸出,但含量仍较高,所以介质 pH 仍较小,形成一些含磷硅质岩。处于浅水缓坡相的云南白龙潭、贵州织金一带为含磷淹没台地相且有浅滩存在,介质 pH 又是磷沉积的最佳值,因此最易形成具有工业价值的磷矿。

总之,通过对扬子区早寒武世含磷岩系沉积环境的分析,成磷环境最为有利的地区是濒临盆地边缘又有浅滩存在且 pH 为弱酸向碱性转变的环境,如云南白龙潭、贵州织金地区是磷矿形成的最为有利的区域。稀土元素含量与磷含量呈正相关关系,微量元素主要聚集在磷质缓坡-陆坡相及镍、钼、钒磷质滞积相相对还原的环境中。

## 6.3　成磷过程与元素的分异模式探讨

根据卡查科夫海洋沉积磷酸盐岩生成机理,吴祥和等(1999)建立了扬子区下寒武统梅树村组沉积环境及沉积相模式图,Xu 等(2013)探讨了扬子区黑色岩系中 Mo、Ni、U 微量元素的沉积模式。结合本次对扬子区寒武系底部含磷岩系中与含磷层密切相关的 $P_2O_5$、CaO、$SiO_2$、REE、Mo、Ni、V、Cu、Pb、Zn、Ba 等元素分异特点的研究,综合分析构建扬子区寒武系底部含磷岩系成矿元素的分异模式(图 6-8)。图 6-8 可较清楚地阐明与含磷层密切相关的 $P_2O_5$、CaO、$SiO_2$、REE、Mo、Ni、V、Cu、Pb、Zn、Ba 等元素的分异特征。

在上升洋流驱动下,储存在海底的富磷水团及 CaO、$SiO_2$、REE、Mo、Ni、V、Cu、Pb、Zn、Ba 等元素同步上升,在到达各沉积相区的过程中,随着温度、压力、氧化还原环境、pH 等条件变化,分别沉淀成矿。$P_2O_5$ 及 $\sum REE$ 在浅水缓坡相及上斜坡相最易沉积,$SiO_2$ 在深水缓坡相含量最高。

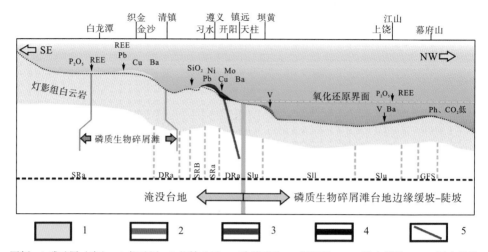

图例：1-磷矿层（岩）；2-钒矿层；3-钼镍矿层；4-碳质页岩；5-深断裂；SRa-浅水缓坡；DRa-深水缓坡；
SRB-浅水缓坡浅滩；Slu-上斜坡；Sll-下斜坡；GFS-缓斜坡

图 6-8 扬子区寒武系底部含磷岩系成矿元素分异模式(相区划分据蒲心纯等，1992，有简化)

在深水区上斜坡相中，当富磷水团随上升洋流涌入缺氧带时，在贵州天柱、江西上饶及江苏南京等地形成磷结核，在此相区内 $P_2O_5$、REE、V、Ba 含量均较高(其中 V 为 $70×10^{-6}$ 左右，Ba 为 $1000×10^{-6}$ 左右)，引起 V 含量高的原因可能与有机质和黏土矿物对钒进行吸附、置换和再沉积有关。Ba 含量高说明成岩成矿过程中有生物作用的参与，同时受热水沉积成矿的影响。

深水缓坡相沉积区水体较深，沉积速率缓慢。在贵州清镇、开阳一带形成含磷硅质岩，磷含量较低。此处处于缺氧带下的 pH 为酸碱过渡状态界面附近，成磷作用不断弱化。在此相区内，$SiO_2$、Mo、Ni、Zn 含量均较高，$P_2O_5$ 和 REE 含量均较低。

浅水缓坡相的云南白龙潭、贵州织金一带形成具有工业价值的磷块岩矿床，且含磷岩系中 $P_2O_5$、REE、Pb、Cu、Ba 含量均较高。

由图 6-8 可较清楚地看出，从深水到浅水区元素的分异特征为：上斜坡相 $P_2O_5$、REE、V、Ba 富集→深水缓坡相 $SiO_2$、Mo、Ni、Zn 富集→浅水缓坡相 $P_2O_5$、REE、Pb、Cu、Ba 富集。由此看出，在上斜坡相和浅水缓坡相中，$P_2O_5$、REE 和 Ba 含量均较高；在浅水缓坡相形成具有工业价值的磷矿，在上斜坡相中磷块岩只以结核形式存在。

# 6.4 小　结

(1)根据对扬子区寒武系底部含磷岩系中 $P_2O_5$、CaO、$SiO_2$ 及 $\sum$REE 分布特征分析得出，$P_2O_5$ 与 $SiO_2$ 含量呈负相关关系，与 $\sum$REE 含量呈正相关关系，从深水

到浅水区引起的 $P_2O_5$、CaO、$SiO_2$ 及∑REE 分异作用和沉积序列为：高稀土磷结核—低稀土低磷硅质岩—低硅富稀土白云质磷块岩—磷块岩。

(2) 根据对扬子区寒武系底部含磷岩系微量元素分异特征研究表明，V 和 Cu 呈明显的负相关关系，造成这两种元素的分异的主要原因与沉物中胶体质点带的电荷有关，CuS 和 $V_2O_5$ 都为负胶体质点，所以 V 和 Cu 在沉积物中不能共存，两者具有排异作用。Ba 元素的分异过程为：上斜坡相(Slu)最易沉积，浅水缓坡浅滩相(SRB)及深水缓坡相(DRa)处于搬运状态，Ba 元素沉积少，再到浅水缓坡相(SRa)及缓斜坡相(GFS)Ba 元素再次沉积，Ba 元素含量增加。

(3) 根据扬子区寒武系底部含磷岩系微量元素 V/Cr 可知，扬子区含磷岩系沉积环境多处于氧化-弱氧化环境，利于海洋生物的生存，贵州织金至金沙及江西上饶所处环境为局限还原环境。从 U/Th 可知，沉积环境从深水区上斜坡相(Slu)向两侧深水缓坡相区(DRa)、浅水缓坡相(SRa)及缓斜坡相(GFS)过渡，其热水活动影响强度逐渐减弱，海水温度逐渐降低且水体逐渐变浅。

(4) 根据扬子区寒武系底部含磷岩系成矿元素的分异模式图(图 6-8)可得出，从深水到浅水区上升洋流作用引起的元素分异特征为：上斜坡相(Slu)$P_2O_5$、∑REE、V、Ba 富集→深水缓坡相(DRa)$SiO_2$、Mo、Ni、Zn 富集→浅水缓坡相(SRa)$P_2O_5$、∑REE、Pb、Cu、Ba 富集，元素的分异特征同时也显示出 Ba、∑REE 与 P 的密切成因关系。

# 第7章 贵州织金含稀土磷矿床中钇的赋存状态研究

在埃迪卡拉纪-早寒武世，我国南方扬子地台形成了大量磷块岩矿床(Cui et al.，2016)，其中以贵州织金、开阳磷矿等为代表。查阅文献(Chen et al.，2013；Mao et al.，2014；杨斌清等，2014；肖朝益等，2018)发现，形成于该时段的磷矿床含稀土元素(图 7-1)，部分地区稀土含量较高，贵州织金新华磷矿 $\sum REE$ 为 $242.92 \times 10^{-6} \sim 1059.59 \times 10^{-6}$，平均 $611.27 \times 10^{-6}$；开阳磷矿 $\sum REE$ 为 $42.96 \times 10^{-6} \sim 399.5 \times 10^{-6}$，平均 $176.1 \times 10^{-6}$；瓮安磷矿 $\sum REE$ 为 $11.89 \times 10^{-6} \sim 223 \times 10^{-6}$，平均 $67.4 \times 10^{-6}$(施春华等，2005)；昆阳磷矿 $\sum REE$ 为 $5.97 \times 10^{-6} \sim 332.62 \times 10^{-6}$，平均 $130.16 \times 10^{-6}$(杨卫东等，1995)；铜仁坝黄 $\sum REE$ 为 $197.9 \times 10^{-6} \sim 1013.35 \times 10^{-6}$，平均 $768.08 \times 10^{-6}$；荆襄磷矿 $\sum REE$ 为 $27.73 \times 10^{-6} \sim 157.97 \times 10^{-6}$，平均 $93.86 \times 10^{-6}$(罗迪柯，2011)。

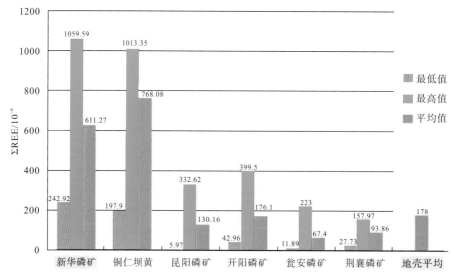

图 7-1  典型磷矿床稀土含量统计结果(数据来源已于正文中列出)

从统计结果来看，相对于该时段的磷矿床，贵州织金新华磷矿稀土含量更高，尤其以重稀土钇含量最高，钇族稀土含量一般占总量的 45%~50%(杨捷等，2013)；此外，稀土含量与 $P_2O_5$ 呈正相关关系(杨捷等，2013；谢宏等，2012；张杰等，

2008)。目前，该矿床已探明矿石储量 13.48 亿 t，稀土氧化物储量 144.6 万 t(张杰等，2008)，具有开发潜力。

矿床主要矿石类型有：生物磷块岩(图 7-3e)、生物碎屑磷块岩(图 7-3a～d)、角砾状磷块岩、硅质磷块岩、白云质磷块岩(图 7-2)等。其中以深灰、浅灰及灰黄色含生物屑白云质磷块岩为主(韩豫川等，2012)，生物屑堆积与胶磷矿、白云石组成呈互层状、层纹状、条带状构造(图 7-2)。生物磷块岩中生物屑以小壳动物化石(图 7-3a～d)为主，如织金壳、软舌螺(图 7-3a)及海绵骨针等，还见藻类生物屑(图 7-3e)。位于矿层顶部的少部分样品中硅质含量较高，偶见一些圆度较好的浑圆状含磷质岩屑，为前期成磷内碎屑产物，显示磷矿床在成因上具复杂性，同时对稀土的赋存状态、富集环境及分布规律有着重要的影响。

a.贵州织金含稀土白云质磷块岩呈条带状构造　　b.贵州织金含稀土白云质磷块岩呈条带状构造

图 7-2　贵州织金磷矿石手标本特征

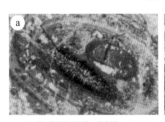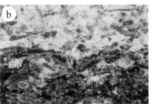

a. 生物碎屑呈同心圆状，5×10　　b. 生物碎屑呈定向排列，造成　　c. 生物碎屑呈放射状、簇状分
　　　　　　　　　　　　　　　　　　分带，5×10　　　　　　　　　布，5×10

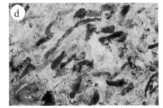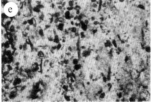

d. 见大量条带状生物碎屑，5×10　　e. 基底为硅质胶结，见较多藻类　　f. 生物碎屑含量较少，见较多硅
　　　　　　　　　　　　　　　　　　生物化石，呈圆形，5×10　　　　质和胶磷矿，10×10

图 7-3　贵州织金磷矿石薄片镜下显微特征

# 7.1 研究意义及现状

稀土金属在当代信息、生物、新材料、新能源、咨询技术及海洋等开发研究中具有重要作用(徐光宪，1995；郑子樵等，2003；池汝安等，2004)，广泛应用于原子能、航空航天、半导体、电子技术、特种钢材以及导弹火箭、国防科技等国计民生和国防安全等领域，是一种极其重要的战略资源。目前，全球的重稀土主要来自离子吸附型稀土，即中国南方的离子吸附型稀土矿。磷块岩中的重稀土为解决全球的重稀土危机提供了新的途径(Emsbo et al.，2015；Zahra，2017)。

据国内外资料，稀土元素主要以离子吸附状态(如江西花岗岩风化壳中的稀土矿)(池汝安等，1996，2004)、独立矿物(白云鄂博稀土矿)、类质同象(Neary et al.，1984)三种形式存在于矿物和岩石中。前人对于贵州织金含稀土磷矿床中伴生稀土的赋存状态也作了大量的研究工作，得出如下结论。

### 1.以类质同象形式存在

研究者分别采用 X-衍射、电子探针、单矿物分析、ICP-MS 研究及稀土元素化学物相分析等各种分析测试手段，对贵州织金磷矿中稀土赋存状态进行研究，最后结合矿物学理论推断，得出磷矿中稀土主要以类质同象形式赋存于碳氟磷灰石晶格中(张杰等，2000，2003，2008；Zhang et al.，2006，2010；谢宏等，2012)，认为这是因为组成磷块岩中的磷酸盐矿物——碳氟磷灰石晶体具有"开放型"六方柱状结构，其中的 $Ca^{2+}$ 与稀土元素离子半径相近，使稀土元素能以类质同象的方式进入晶格。Kon 等(2014)通过不同矿物相的 LA-ICP-MS 研究表明，富 REE 海底泥中的 Ca、$P_2O_5$ 和 REE 具有正相关关系，除 Ce 以外，80%～100%的稀土都赋存于磷灰石中。这一结论似乎已得到了大家的认可。

### 2.以离子吸附及独立矿物形式存在

磷块岩中的 REE 主要赋存于胶磷矿 [$\sum$REE 为 $1431.5 \times 10^{-6}$，据陈吉艳等(2010)] 中，少量被黏土矿物相吸附(张杰等，2008；Chen et al.，2010，2013；Georgiana et al.，2013)，表明磷块岩中 REE 不是以独立矿物形式存在为主。段凯波等(2014)采用选矿试验方法对贵州织金含稀土磷矿床进行研究，认为织金磷矿也存在离子吸附型稀土，且磷矿中离子吸附赋存状态稀土仅次于类质同象稀土。对于磷矿床中伴生稀土是否存在稀土独立矿物，研究者们也采用了不同方法进行研究，如张杰等(2003)利用日立公司扫描电镜(Hitachi S-3400N)和能谱仪(EDAX-204B for Hitachi S-3400N)，段凯波等(2014)采用 ICP-MS(美国 Thermo 公司)作稀土全分析等，均未发现稀土独立矿物。而刘世荣等(2008)通过电探针首次在贵州织金磷矿石中发现独立稀土矿物"方铈矿"。

　　纵观已有的文献资料，对贵州织金含稀土磷矿床稀土元素赋存状态的研究虽然取得了一定进展，但磷矿中可能以变价形式存在的稀土元素（如 Ce、Eu）到底以什么价态存在尚无定论，稀土元素赋存的局域环境及化学配位等信息仍是未解之谜。因此，定量地查明稀土元素在矿石中存在的物质结构形态、价态及赋存的局域环境及化学配位等信息，不仅对该类型稀土成因理论研究和矿产资源的综合利用具有重要意义，同时也为设计经济合理的稀土提取工艺提供可行的基础理论参考资料。

　　为了更精确地查明贵州织金含稀土磷矿床中稀土元素的赋存状态、结构形式、配位信息及元素价态等特征，本研究先后采取了 X-衍射、KYKY-1000B SEM（Scan of Electronic Microscop）扫描电镜和 EDAX（Energy Dispersive Analysis of X-ray）能谱分析、电子探针、稀土元素化学物相分析及同步辐射 X 射线吸收精细结构（X-ray Absorption Fine Structure，XAFS）实验等一系列创新性研究方法及手段，通过此研究，为有效经济地提取贵州织金磷矿中伴生的稀土资源提供基础资料。

## 7.2　研究方法及手段

### 7.2.1　扫描电镜分析研究

　　采用 KYKY-1000B SEM 扫描电镜和 EDAX 能谱仪对具有代表性的样品［xl-6-4、ml-3(3)、xl-6-4(1)］进行成分分析，获得结果见表 7-1 和图 7-4。

表 7-1　磷块岩样品 X 射线能谱测试结果

| 试样 | $w_B$/% | | | | | |
| --- | --- | --- | --- | --- | --- | --- |
| | C | O | Mg | P | Ca | Fe |
| xl-6-4_pt1 | 25.27 | 16.20 | | 16.70 | 41.83 | |
| xl-6-4_pt2 | 25.92 | 32.56 | 11.50 | | 27.43 | 2.58 |
| ml-3(3)_pt1 | 21.56 | 25.48 | 1.83 | | 14.79 | 1.05 |
| ml-3(3)_pt2 | 32.91 | 30.92 | | 35.70 | | 0.47 |
| xl-6-4(1)pt1 | 20.64 | 12.99 | | | | 19.5 |
| xl-6-4(1)pt2 | 22.43 | 26.70 | 0.59 | 2.61 | 4.54 | 12.29 |
| xl-6-4(1)pt3 | 19.27 | 34.92 | 12.75 | | | |
| xl-6-4(1)pt4 | 25.12 | 24.48 | 0.88 | 5.66 | 11.0 | 6.29 |

注：测试样品由雷平在贵州师范大学 EDAX 能谱仪上完成

　　根据测试结果可以看出，三件样品扫描电镜研究未发现稀土独立矿物，说明稀土元素赋存状态不是以独立矿物形式存在为主。但在对白云石矿物电镜扫描过程中，见有归类为稀土元素族的 Y 元素含量峰，在测定白云石成分时反映出来(图7-4 和表 7-1)，未见独立矿物。

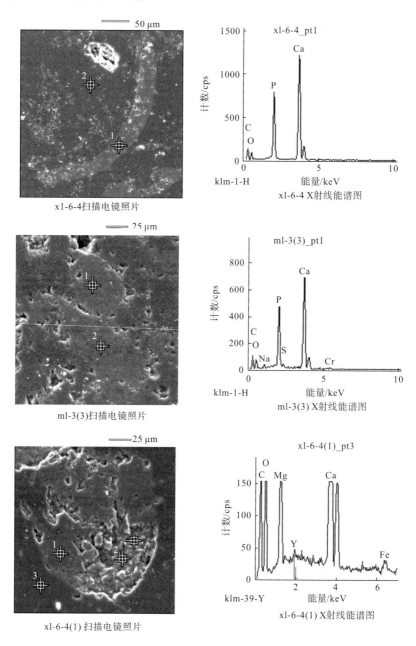

图 7-4　单矿物扫描电镜照片及 X 射线能谱

## 7.2.2 电子探针分析

电子探针面扫描研究工作在中国科学院地球化学研究所进行。根据电子探针扫描图像成像原理，磷块岩中稀土独立矿物的成像亮度应较高，通过面扫描找出样品中大部分成像较亮的矿物，放大到 600 倍以上，用 Ce、La、Y 等作为标样进行分析，未发现稀土独立矿物存在。所有亮点及亮度较高矿物均为黄铁矿、闪锌矿、磷灰石、锆石及白铁矿等。电子探针扫描结果表明，以独立矿物形式存在的稀土元素不是很多(张杰等，2008)。

## 7.2.3 化学物相分析

通过多个元素的化学物相分析，测得各矿物相中某个特征元素的质量，然后根据绝大多数的矿物具有一定的或有规律的化学组成，计算得各矿物的量。再根据岩矿鉴定提出的矿物种类和大样全分析中具有相当质量的元素，设计 RE、P、Si、Al、K、C、碳酸盐等多个元素(组分)的物相分析方法，可基本上解决本书需要测定的各矿物的矿物量(龚美菱，1994)。应用物相分析方法测定大样中各种矿物的量。它通过多个元素的物相分析，测得各矿物中某个特征元素的质量，然后根据绝大多数的矿物具有一定的或有规律的化学组成，计算得出各矿物的矿物量。样品 Gl-6、Gl-7 为含稀土生物屑白云质磷块岩综合样。样品 Gl-6 平均含 $RE_2O_3$ 0.1%，样品 Gl-7 含 $RE_2O_3$ 0.08%，样品 Mj 稀土硅质磷块岩综合样含 $RE_2O_3$ 0.09%。样品经破碎、缩分后，加工至 0.106～0.125mm，准备实验用。根据岩矿鉴定提出的矿物种类和大样全分析中具有相当量的元素，设计 REE、P、Si、Al、K、C、碳酸盐等多个元素(组分)的物相分析方法，可测定 REE 的黏土质(本书中主要是水云母和高岭石，褐铁矿吸附相也含在内)吸附相、胶磷矿相、独居石相和磷钇矿相的矿物量。

(1)矿区胶磷矿主要为碳氟磷灰石，其中 P 约占 19%，Ca 约占 41%。独居石的化学组成(Ce、La)$PO_4$、磷钇矿的化学组成 $YPO_4$、黏土质和褐铁矿吸附磷。根据矿物的化学性质，计算求出矿物量。测定 REE 的离子吸附相、胶磷矿相、独居石相和磷钇矿相，各相溶液中均测定了 Y 和 Ce，结果见表 7-2。

将 3 个样 4 个相测定 Y 和 Ce 计算得的占有率取平均值列如下：

①离子吸附相分别为 0.3%、0.2%、0.4%，平均为 0.3%。

②胶磷矿相分别为 99.2%、99.2%、98.8%，平均为 99.1%。

③独居石相分别为 0.4%、0.4%、0.6%，平均为 0.5%。

④磷钇矿相分别为 0.2%、0.2%、0.2%，平均为 0.2%。

表 7-2　稀土元素 Y、Ce 在不同物相中的分配（%）

| 元素 | 样号 | 离子吸附相 | 黏土质吸附相 | 胶磷矿相 | 独居石相 | 磷钇矿相 | 相和 |
|---|---|---|---|---|---|---|---|
| | Gl-6 | 0.7(0.3) | | 263(99.1) | 0.7(0.3) | 0.7(0.3) | 265.1 |
| Y | Gl-7 | 0.7(0.3) | | 225(99.1) | 0.7(0.3) | 0.7(0.3) | 227.1 |
| | Mj | 0.9(0.4) | | 247(98.8) | 0.8(0.3) | 1.2(0.5) | 249.9 |
| | Gl-6 | 0.2(0.2) | | 94(99.3) | 0.5(0.5) | 0.5(0.5) | 95.2 |
| Ce | Gl-7 | 0.2(0.2) | | 86(99.2) | 0.5(0.6) | 0.0(0.0) | 86.7 |
| | Mj | 0.3(0.3) | | 103(98.9) | 0.8(0.8) | 0.0(0.0) | 104.1 |
| | Gl-6(1) | | 9.2(0.6) | 242(99.0) | 0.9(0.3) | 0.3(0.1) | 252.4 |
| Y | Gl-7(1) | | 8.8(0.9) | 212(98.4) | 0.9(0.4) | 0.7(0.3) | 222.4 |
| | Mj(1) | | 12.4(2.0) | 225(97.3) | 0.9(0.4) | 1.0(0.4) | 239.3 |
| | Gl-6(1) | | 3.2(0.4) | 93.0(98.8) | 0.6(0.7) | 0.0(0.0) | 96.8 |
| Ce | Gl-7(1) | | 3.4(1.0) | 84.7(98.3) | 0.5(0.6) | 0.1(0.1) | 88.7 |
| | Mj(1) | | 5.0(2.1) | 97.5(96.7) | 1.0(0.9) | 0.2(0.2) | 103.7 |

（2）测定 REE 的黏土质（主要是水云母和高岭石，褐铁矿吸附相也含在内）吸附相、胶磷矿相、独居石相和磷钇矿相，各相溶液中均测定了 Y 和 Ce，结果见表 7-2。

将 3 个大样 4 个矿物相用测定 Y 和 Ce 计算得的占有率取平均值列如下：
①黏土质吸附相分别为 0.5%、0.9%、2.0%，平均为 1.1%；
②胶磷矿相分别为 98.9%、98.4%、97.1%，平均为 98.2%；
③独居石相分别为 0.5%、0.5%、0.6%，平均为 0.5%；
④磷钇矿相分别为 0.1%、0.2%、0.3%，平均为 0.2%。

从两组稀土元素的物相分析结果可见，赋存在胶磷矿中的 REE 占 REE 总量的 97% 以上，呈独立矿物、离子交换和黏土吸附状态的 REE 只占 REE 总量的 3% 以下，其中以黏土吸附状态为主（龚美菱，1994），证明了稀土元素赋存状态不是以独立矿物形式存在为主。

综上所述，采用扫描电镜、电子探针及化学物相分析方法对贵州织金磷矿中稀土元素作赋存状态研究的结果一致，三种方法得出的研究结果均未发现稀土独立矿物，稀土在磷矿石中的主要载体矿物有磷灰石、白云石、黏土矿物等，并得出稀土主要以离子形态赋存于碳氟磷灰石晶格中这一结论（张杰等，2000，2003，2008；陈吉艳等，2010），但稀土的具体赋存形式仍有待进一步研究确定。

本研究对贵州织金具有代表性的高稀土富集样品进行单矿物挑样，将最后挑选出的 1#、2#、3#（生物碎屑）三件样品作同步辐射 XAFS 实验。通过此实验，进一步查明贵州织金磷矿磷灰石晶体中稀土含量较高的 Y 的结合形态、元素价态及配位信息等,从原子角度探索磷矿中稀土 Y 的赋存状态,为提取磷矿中伴生的稀土 Y 资源提供基础资料。

### 7.2.4　同步辐射 XAFS 与荧光分析

#### 1.同步辐射 XAFS 方法原理

本次研究选取贵州织金高富集稀土元素的生物碎屑样品,先经 ICP-MS 测定稀土元素的含量,再进行 KYKY-1000B SEM 扫描电镜分析和 EDAX 能谱分析,在了解矿物组成的基础上,进行同步辐射 XAFS 实验,检测织金具代表性的含稀土磷矿床 1#、2#、3#生物碎屑样品(图 7-5)中稀土元素 Y 的结构形式、元素价态及配位信息等。

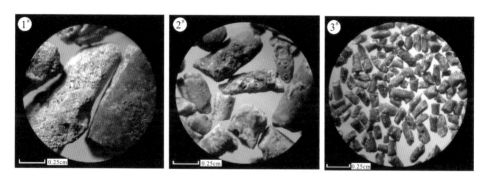

图 7-5　生物碎屑(1#、2#、3#)

实验在北京同步辐射装置的生物大分子实验站 1W1B 进行,储存环电子能量为 2.5GeV,平均流强为 150mA,采用固定出口的 Si(111)双晶单色器对含 Y 矿物进行 Y 的 K 吸收边(17038eV)的 XAFS 测试,前后电离室及 Lytle 电离室都使用纯 Ar 作为吸收气体。

样品制备时,将挑选出的生物碎屑样品磨成粉末,粉末细度要达到 400 目,取宽度为 1~2cm 的胶带约 20cm,将粉末均匀撒在胶面上并涂匀,折叠胶带则可方便地调整厚度。

所选标样是在北京方正稀土科技研究所购买的分析纯样品,化学成分 $Y_2O_3$ 含量为 100%。

由于待测样品中 Y 的含量很低(低于 0.1%),所以采用荧光法后仍只能获得 XANES 近边实验数据。从图 7-6 可以看到,相对于标准 $Y_2O_3$ 氧化物而言,从第一个峰值可以看出,主峰的位置有所偏移,说明待测样品中稀土元素 Y 的物质结构形态与所选取标样的物质结构形态不同;从第二个峰值可以看到,三个样品 $Y_2O_3$ 对应的峰与标样 $Y_2O_3$ 峰值相比有明显的差异,3 个待测样品的峰值都较低。

1#样品 $Y_2O_3$ 峰值虽然与标样 $Y_2O_3$ 峰值最为接近，但谱线很快消失且谱线不光滑，呈锯齿状。2#样品 $Y_2O_3$ 对应的谱线虽然显示信号较强，但谱线也不光滑，可能 1#、2#样品受杂质的影响较大。3#样品谱线与标样形态接近，曲线较光滑，显示的 EXAFS 信号也较强，说明样品相对较纯。

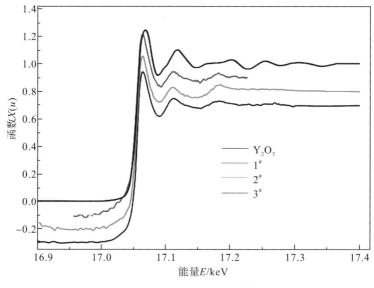

图7-6　Y K 边 XANES 谱图

通过对数据较好的 3#生物碎屑样品进行 EXAFS 分析得图 7-7，图 7-7a 为图 7-6 中 3#样品数据进行一阶微分后得出的成果。从图 7-7a 可以发现，待测样品中 Y 的价态并未发生变化，与标样中 Y 的价态相似，说明织金磷矿中 Y 的价态也为 $Y^{3+}$。同时，对图 7-6 中 3#样品数据进行 Y 近边的形态分析，得图 7-7b。图 7-7b 显示出样品中 Y 的局域结构与标样 $Y_2O_3$ 有明显的差异，样品中的 Y 处于

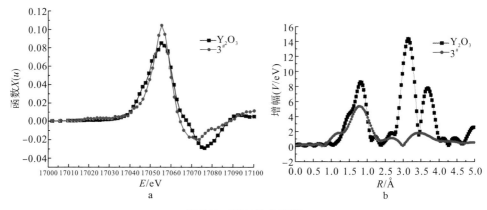

图7-7　EXAFS 分析图

复杂的配位环境中，未有 Y—O—Y 此类的键合，且 Y—O 键长略有减小，其分布也更加弥散，说明待测样品 Y 内部的局域环境与标样 $Y_2O_3$ 有明显不同，配位环境比标样中 $Y_2O_3$ 复杂，在 2.1Å 附近存在多个不同长度的 Y—O 键，且可以看到对应于 Y—O—Y 键长位置的峰也消失了，说明样品中 Y 周围的局域环境与标样 $Y_2O_3$ 差异很大，并没有类似于晶体的长程序存在。这与 XANES 的结果一致，证明贵州织金含稀土磷矿床中稀土 Y 元素不是以无机物的形式存在的，若要分离提取贵州织金含稀土磷矿床中稀土 Y 资源，采用有机萃取的方法更为有效。

　　本次研究的稀土元素 Y 在磷块岩中的存在形式与前人研究的稀土元素以类质同象的存在于胶磷矿中的结论有一定差异，这也是本文的创新之处之一，但这并不能否定前人研究的稀土元素在磷块岩中的存在形式的研究成果，此研究只限于对 Y 的研究，并未对其他稀土元素进行深入的研究探讨，因此，这可能只限于 Y 在磷块岩中的存在形式有变化，而其他稀土元素可能还是以类质同象的形式存在于胶磷矿中。

## 7.3　小　　结

　　(1)通过扫描电镜研究及电子探针分析研究表明,贵州织金新华含稀土磷矿床中缺少稀土独立矿物。化学物相分析研究同样表明,只有少量的稀土元素被磷块岩中黏土矿物吸附,大量的稀土元素可能以类质同象的形式存在于胶磷矿中。

　　(2)利用同步辐射 XAFS 实验技术对贵州织金磷矿具有代表性的高稀土富集样品中 3# 单矿物(生物碎屑)样品进行稀土元素 Y 的结构形式、元素价态及配位信息分析可知,样品中钇的价态为+3,其局域形态不同于标样磷钇矿中的 $Y_2O_3$ 形态,研究样品中的 Y 处于复杂的配位环境中,未有 Y—O—Y 此类的键合,Y—O 键长并未有明显变化,其键长的分布更加的弥散,说明样品中钇的周围为有机物或大的聚合物,而并非以无机物形式存在。

# 第8章 结 论

本书在大量野外工作的基础上，充分总结前人已取得的研究成果，按照以点带面、重点突破的原则，结合多种现代分析测试手段，通过对扬子区寒武系底部含磷岩系地层特征、沉积特征、元素地球化学特征及同步辐射 XAFS 实验等作对比分析研究，取得的主要成果及认识如下。

(1) 扬子区寒武系底部含磷岩系沉积物的特征为：自下而上显示颗粒由粗变细、层理类型由波状层理及粒序状层理转为水平层理，生物屑减少至消失等层序变化趋势。显示自西向东海水逐渐变深、水动力条件逐渐减弱的沉积环境。

(2) 扬子区早寒武世含磷岩系为紧接晚震旦世灯影期碳酸盐台地沉积之后的沉积，二者间连续过渡，中谊村段与八道湾段间在川滇一带为侵蚀间断，黔东以东逐渐过渡为连续沉积。即其沉积特征为：西部(川、滇、黔)主要岩性为碳酸盐岩、硅质岩、磷块岩及部分粉砂质黏土岩；东部(黔东、湘、鄂、皖、浙)为硅质岩、碳质页岩、结核状磷块岩；东西间岩性上呈逐渐过渡的关系。

(3) 根据扬子区寒武系底部含磷岩系地层对比表(表 3-2)及地层柱状对比简图(图 3-16)可知，云南梅树村组中谊村段下段、贵州织金戈仲伍组下段及贵州清镇桃子冲组下段含磷岩系为下矿层(Ⅰ)；云南梅树村组中谊村段上段、贵州织金戈仲伍组上段及贵州清镇桃子冲组上段含磷岩系为上矿层(Ⅱ)；贵州金沙、习水、遵义、开阳、镇远等地牛蹄塘组，贵州天柱、铜仁留茶坡组与江西上饶、浙江江山荷塘组及江苏南京幕府山组含磷岩系为顶部矿层(Ⅰ+Ⅱ-欠补偿凝缩沉积成磷作用)。

(4) 自西向东含磷层厚度呈逐渐变薄趋势，西部云南白龙潭磷矿规模最大，其次为贵州织金磷矿，向东部、东北部含磷层越来越薄，磷矿呈结核状分布，如贵州天柱老屋基、铜仁坝黄，江西上饶，浙江江山等地，含磷层均为磷质结核或磷质透镜体。

(5) 由于沉积环境的差异，我国南方早寒武世梅树村期磷矿成矿规模各有不同，在相同的沉积相区中，虽然形成的磷矿规模大小不同，但磷矿的特征大体相同，说明我国南方早寒武世梅树村期是主要的成磷期，只要沉积古地理条件合适就可以形成磷块岩。

(6) 磷块岩分布受到沉积微相的严格控制，浅水高能扰动和生物繁盛的环境有利于形成高质量的磷块岩；而水动力较弱的浅水潟湖、潮坪、浅水洼地等环境，形成含磷岩系岩层厚度大，但含磷较低；水体较深的斜坡环境、盆地环境成磷环境差，只以结核形式沉积。

(7) LREE/HREE 比值在浅水缓坡相为 1 左右，到深水缓坡相为 3 左右，然后再到上斜坡相为 0.80 左右，显示轻、重稀土元素在深水缓坡相分异特征最明显，说明在此沉积相区内，硅质聚集对含磷岩系中稀土含量较高的轻稀土 Ce 沉积有利，从而造成 LREE/HREE 较高。$\delta$Ce 从浅水缓坡相-深水缓坡相-上斜坡相呈逐渐增加的变化趋势，说明沉积环境自西向东从氧化环境逐渐转变为还原环境。

(8) 通过对扬子区寒武系底部含磷岩系及磷结核中稀土配分曲线的比较，发现其稀土元素球粒陨石标准化模式曲线趋势大体相同，稀土配分曲线均呈缓右倾型。在浅水缓坡相区 (SRa) 内的磷块岩中稀土配分曲线均具 Ce 负异常，而且织金含磷岩系部分样品中 Ce 负异常较明显；处在浅水缓坡浅滩相区 (DRa) 的含磷岩系稀土配分曲线显示 Ce 异常程度均较弱，而且曲线较陡；处在深水缓坡相区 (Slu) 几个地区的磷结核中的稀土配分曲线显示 Ce 异常特征不明显，且曲线较平缓。

(9) 根据对扬子区寒武系底部含磷岩系中 $P_2O_5$、CaO、$SiO_2$ 及 $\sum$REE 分布特征分析得出，$P_2O_5$ 与 $SiO_2$ 含量呈负相关关系，与 $\sum$REE 含量呈正相关关系，从深水到浅水区引起的 $P_2O_5$、CaO、$SiO_2$ 及 $\sum$REE 分异作用和沉积序列为：高稀土磷结核—低稀土低磷硅质岩—低硅富稀土白云质磷块岩—磷块岩。

(10) 根据对扬子区寒武系底部含磷岩系微量元素分异特征研究表明，V 和 Cu 呈明显的负相关关系，造成这两种元素的分异的主要原因与沉物中胶体质点带的电荷有关，CuS 和 $V_2O_5$ 都为负胶体质点，所以 V 和 Cu 在沉积物中不能共存，两者具有排异作用。Ba 元素的分异过程为：上斜坡相 (Slu) 最易沉积，浅水缓坡浅滩相 (SRB) 及深水缓坡相 (DRa) 处于搬运状态，Ba 含量少，再到浅水缓坡相 (SRa) 及缓斜坡相 (GFS) 再次沉积，Ba 含量增加。

(11) 根据扬子区寒武系底部含磷岩系微量元素 V/Cr 可知，扬子区含磷岩系沉积环境多处于氧化-弱氧化环境，利于海洋生物的生存，贵州织金至金沙及江西上饶所处环境为局限还原环境。由于存在特殊的沉积环境，这也可能正是在织金一带形成的磷块岩与其他地区形成的磷块岩在成分组成上存在较大差异的原因之一。从 U/Tu 可知，沉积环境从深水区上斜坡相 (Slu) 向两侧深水缓坡相区 (DRa)、浅水缓坡相 (SRa) 及缓斜坡相 (GFS) 过渡，热水活动影响强度逐渐减弱，海水温度逐渐降低且水体逐渐变浅。

(12) 由扬子区寒武系底部含磷岩系成矿元素的分异模式图 (图 6-8) 可得出，从深水到浅水区上升洋流作用引起的元素分异特征为：上斜坡相 (Slu) $P_2O_5$、$\sum$REE、V、Ba 富集→深水缓坡相 (DRa) $SiO_2$、Mo、Ni、Zn 富集→浅水缓坡相 (SRa) $P_2O_5$、$\sum$REE、Pb、Cu、Ba 富集，元素的分异特征同时也显示出 Ba、$\sum$REE 与 P 的密切成因关系。

(13) 通过扫描电镜研究及电子探针分析研究表明，贵州织金新华含稀土磷矿床中缺少稀土独立矿物。化学物相分析研究同样表明，只有少量的稀土元素被磷块岩中黏土矿物吸附，大量的稀土元素可能以类质同象形式存在于胶磷矿中。

(14)利用同步辐射 XAFS 实验技术，对贵州织金磷矿具有代表性的高稀土富集样品中 3[#]单矿物(生物碎屑)样品，进行 Y 的结构形式、元素价态及配位信息分析，得出样品中钇的价态为+3，其局域形态不同于标样磷钇矿中的 $Y_2O_3$ 形态，研究样品中的 Y 处于复杂的配位环境中，未有 Y—O—Y 此类的键合，Y—O 键长并未有明显变化，其键长的分布也更加弥散，说明样品中 Y 的周围为有机物或大的聚合物，不是以无机物的形式存在，即 Y 不是以类质同象的形式存在于胶磷矿中。

(15)在江西上饶剖面中发现夹磷结核黑色碳质页岩层层厚较厚(大于 20m)，且其中磷结核数量也较多，磷结核中磷和稀土含量均较高，$P_2O_5$ 含量大于 25%，$\sum REE>0.1\%$，有继续研究的价值。

# 参 考 文 献

巴图林, 1985. 海底磷块岩[M]. 东野长峥等, 译. 北京: 地质出版社.

常华进, 储雪蕾, 冯连君, 等, 2009. 氧化还原敏感微量元素对古海洋沉积环境的指示意义[J]. 地质论评, 55(1): 91-99.

陈多福, 陈光谦, 陈先沛, 2002. 贵州瓮福新元古代陡山沱期磷矿床铅同位素特征及来源探讨[J]. 地球化学, 31(1): 49-54.

陈吉艳, 张杰, 2005. 贵州织金新华含稀土磷矿床矿区土壤稀土元素分布特征[J]. 矿物岩石地球化学通报, 24(1): 29-32.

陈吉艳, 杨瑞东, 张杰, 2010. 贵州织金含稀土磷矿床稀土元素赋存状态研究[J]. 矿物学报, 30(1): 123-128.

陈其英, 1995. 磷块岩在形成过程中的生物作用[J]. 地质科学, 30(2): 153-158.

池汝安, 王淀佐, 2004. 稀土矿物加工[M]. 北京: 科学出版社.

池汝安, 1996. 稀土选矿与提取技术[M]. 北京: 科学出版社.

崔福斋, 2007. 生物矿化[M]. 北京: 清华大学出版社.

崔克信, 甄勇毅, 1987. 华南震旦纪和寒武纪磷块岩沉积环境探讨[J]. 沉积学报, 5(1): 1-9.

东野脉兴, 1992. 海相磷块岩成因理论的沿革与发展趋势[J]. 化工地质, 14(3): 3-7.

东野脉兴, 1996. 上升溢流与陆缘坻[J]. 化工矿产地质, 18(3): 156-162.

东野脉兴, 2001. 扬子地块陡山沱期与梅树村期磷矿区域成矿规律[J]. 化工矿地质, 23(4): 193-209.

东野脉兴, 郑文忠, 等, 1992a. 磷块岩生物成矿论[A]// "七五" 地质科技重要成果学术交流会议论文选集[C]. 北京: 北京科技出版社.

东野脉兴, 郑文忠, 1992b. 壳粒磷块岩及其成矿规律[J]. 矿物岩石, 12(2): 61-69.

段凯波, 王登红, 熊先孝, 2014. 贵州织金磷矿中离子吸附型稀土的存在及初步定量[J], 岩矿测试, 33(1): 118-125.

高怀忠, 1998. 中国早寒武世重晶石及毒重石矿床的生物化学沉积成矿模式[J]. 矿物岩石, 18(2): 70-77.

高慧, 杨瑞东, 2005. 早寒武世早期贵州织金含磷岩系地球化学特征与成磷作用[J]. 地球与环境, 33(1): 34-42.

高俊彩, 荣惠峰, 徐剑波, 等, 2008. 昆明市东川区绿茂乡麻栗坪磷矿地质特征及成因分析[J]. 昆明理工大学学报 (理工版), 33(4): 12-17.

郭庆军, 杨卫东, 刘丛强, 等, 2003. 贵州瓮安生物群和磷矿形成的沉积地球化学研究[J]. 矿物岩石地球化学通报, 22(3): 202-208.

郭福生, 2004. 江山地质概论及区域地质调查实习指导书[M]. 北京: 地质出版社.

贵州省地矿局, 1987. 贵州区域矿产志[M]. 北京: 地质出版社.

贵州省地方志编纂委员会, 1992. 贵州地质矿产志[M]. 贵阳: 贵州人民出版社.

龚美菱, 1994. 物相分析与地质找矿[M]. 北京: 地质出版社.

胡凯, 刘英俊, 王鹤年, 等, 1995. 华南碳质岩系层控金矿的有机地球化学特征和意义. 中国科学 (B), 25(10):

1099-1107.

韩豫川, 夏学惠, 肖荣阁, 等, 2012. 中国磷块岩[M]. 北京: 地质出版社.

黄邦强, 1984. 中国大地构造学基础及中国区域构造纲要[M]. 北京: 地质出版社.

黄永建, Thierry A, 邹艳荣, 等, 2005. 古海洋活性磷埋藏记录及其在氧气地球化学循环研究中的运用[J]. 地学前缘, 12(2): 189-197.

雷加锦, 李任伟, 曹杰, 2000. 上扬子地区早寒武世黑色页岩磷结核特征及生化淀磷机制[J]. 地质科学, 35(3): 277-287.

雷加锦, 李任伟, Tobschall, 等, 2000. 扬子地台南缘早寒武世黑色岩系中形态硫特征及成因意义[J]. 中国科学(D), 30(6): 592-601.

黎彤, 1992. 地壳元素丰度的若干统计特征[J]. 地质与勘探, 28(10), 1-7.

李胜荣, 高振敏, 1995. 湘黔地区牛蹄塘组黑色岩系稀土特征-兼论海相热水沉积岩稀土模式[J]. 矿物学报, 15(2): 225-229.

刘怀仁, 1982. 扬子区寒武系世磷块岩沉积相及古地理[J]. 四川地质学报, (2): 88-89.

刘世荣, 胡瑞忠, 周国富, 等, 2008. 织金新华磷矿屑磷灰石的矿物成分研究[J]. 矿物学报, 28(3): 244-250.

刘英俊, 曹励明, 李兆麟, 等, 1984. 元素地球化学[M], 北京: 科学出版社.

鲁志雄, 刘长宪, 黄桂珍, 等, 2010. 树崆坪-巴桃园磷矿床地球化学特征及成因探讨[J]. 资源环境与工程, 24(6): 645-652.

罗迪柯, 2011. 湖北荆襄磷矿地球化学特征及其矿床成因研究[D]. 北京: 中国地质大学.

毛景文, 张光弟, 杜安道, 等, 2001. 遵义黄家湾镍钼铂族元素矿床地质、地球化学和Re-Os同位素年龄测定——兼论华南寒武系底部黑色页岩多金属成矿作用[J]. 地质学报, 75(2): 234-243.

毛铁, 杨瑞东, 高军波, 等, 2015. 贵州织金寒武系磷矿沉积特征及灯影迥古喀斯特面控矿特征研究[J]. 89(12): 2374-2388.

蒲心纯, 周浩达, 王熙林, 等, 1992. 中国南方寒武纪岩相古地理与成矿作用[M]. 北京: 地质出版社.

施春华, 胡瑞忠, 王国芝, 2004. 贵州织金磷矿岩稀土元素地球化学特征研究[J]. 矿物岩石, 24(4): 71-75.

施春华, 胡瑞忠, 王国芝, 2006. 贵州织金磷矿岩元素地球化学特征[J]. 矿物学报, 26(2): 169-174.

施春华, 胡瑞忠, 2008. 贵州织金含稀土磷矿床的Sm-Nd同位素年龄及其地质意义[J]. 中国地质大学学报, 33(2): 205-209.

施春华, 2005. 磷矿的形成与Rodinia超大陆裂解、生物爆发的关系[D]. 贵阳: 中国科学院地球化学研究所.

宋金明, 1997. 中国近海沉积物-海水界面化学[M]. 北京: 海洋出版社.

涂光炽, 1984. 地球化学[M]. 上海: 上海科学技术出版社.

王鸿祯, 1990. 中国及邻区大地构造划分和构造发展阶段[M]. 武汉: 中国地质大学出版社.

王敏, 孙晓明, 2005. 黔西新华大型磷矿磷块岩稀土元素地球化学及其成因意义[J]. 中国稀土学报, 23(3): 32-41.

王寿松, 陈其英, 1985. 昆阳磷矿磷块岩的矿物组成[J]. 地质科学, (1): 78-85.

王砚耕, 1984. 贵州上寒武系及震旦系-寒武系界线[M]. 贵阳: 贵州人民出版社.

王中刚, 于学元, 赵振华, 1989. 稀土元素地球化学[M]. 北京: 科学出版社.

王宗武, 1985. 扬子西区早寒武世磷块岩矿床沉积古地理及相特征[J]. 沉积学报, (3): 30-36.

王自强, 1986. 华南地区中、晚元古代阶段古构造和古地理[M]. 武汉: 武汉地质学院出版社.

温汉捷, 裘愉卓, 姚林波, 等, 2000. 中国若干下寒武统高硒地层的有机地球化学特征及生物标志物研究. 地球化学, 29(1): 28-34.

吴湘滨, 戴塔根, 2001. 湘西南震旦地层的微量元素地球化学特征及其地质含义[J]. 地质地球化学, 29(3): 40-45.

吴凯, 马东升, 潘家永, 等, 2006. 贵州瓮安磷矿陡山沱组地层元素地球化学特征[J]. 东华理工学院学报, 29(2): 108-114.

吴祥和, 韩至钧, 蔡继锋, 等, 1999. 贵州磷块岩[M]. 北京: 地质出版社.

夏学惠, 1987. 磷块岩成因研究新进展[J]. 地学进展, (1): 40-42.

夏学惠, 1989. 滇池地区沉积磷块岩中胶磷矿矿物学特征及其研究意义[J]. 岩石矿物学杂志, 8(4): 358-369.

肖朝益, 张正伟, 何承真, 等, 2018. 华南埃迪卡拉纪磷矿的沉积环境[J]. 矿物岩石地球化学通报, 37(1): 121-137.

谢宏, 朱立军, 2012. 贵州寒武纪梅树村期磷块岩稀土元素存在形式研究[J]. 中国矿业, 21(8): 65-70.

徐光宪, 1995. 稀土(上、中、下册)[M]. 北京: 冶金工业出版社.

姚超美, 熊先孝, 1994. 海州式磷矿沉积环境探析[J]. 化工地质, 16(4): 240-246.

杨帆, 肖荣阁, 夏学惠, 2011. 昆阳磷矿沉积环境与矿床地球化学[J]. 地质与勘探, 47(2): 294-303.

杨竞红, 蒋少涌, 凌洪飞, 等, 2005. 黑色页岩与大洋缺氧事件的Re-Os同位素示踪与定年研究[J]. 地学前缘, 12(2): 143-150.

杨斌清, 张贤平, 2014. 世界稀土生产与消费结构分析[J]. 稀土, 35(1): 110-118.

杨卫东, 漆亮, 1995. 滇东早寒武世含磷岩系稀土元素地球化学特征及成因[J]. 矿物岩石地球化学通报, 14(4): 224-227.

杨卫东, 1997. 滇黔磷块岩沉积学-地球化学与可持续开发战略[M]. 北京: 地质出版社.

杨瑞东, 朱立军, 高慧, 等, 2005. 贵州遵义松林寒武系底部热液喷口及与喷口相关生物群特征[J]. 地质论评, 51(5): 481-492.

杨捷, 何天元, 2013. 贵州省织金县新华含稀土磷矿矿床地质特征及成因探讨[J]. 化工矿产地质, 35(1), 27-33.

叶杰, 2002. 华南震旦纪—寒武纪两期成磷事件及其地球动力学意义[D]. 北京: 中国科学院地质与地球物理研究所.

叶连俊, 陈其英, 赵东旭, 等, 1985. 中国磷块岩[M]. 北京: 地质出版社.

叶连俊, 陈其英, 赵东旭, 等, 1989. 中国磷块岩[M]. 北京: 科学出版社.

叶连俊, 1998. 生物有机质成矿作用和成矿背景[M]. 北京: 海洋出版社.

尹丽文, 2009. 中国磷矿资源分布及开发建议[J]. 资源与人居环境, 10: 10-18.

于宇, 宋金明, 李学刚, 等, 2012. 沉积物微量金属元素在重建水体环境变化中的意义. 地质论评, 58(5), 911-922.

袁见齐, 朱上庆, 翟裕生, 1993. 矿床学[M]. 北京: 地质出版社.

曾庆辉, 钱玲, 刘德汉, 等, 2006. 富有机质的黑色页岩和油页岩的有机地球化学特征与生、排烃意义[J]. 沉积学报, 24(1): 113-122.

曾允孚, 沈酬娟, 何廷贵, 1994. 滇东早寒武世含磷岩系层序地层分析[J]. 矿物岩石, 57(3): 43-45.

张若华, 1987. 稀土元素地球化学[M]. 天津: 天津科技出版社.

张杰, 陈代良, 2000. 贵州织金新华含稀土磷矿床扫描电镜研究[J]. 矿物岩石, 20(3): 59-64.

张杰, 张覃, 陈代良, 2003. 贵州织金新华含稀土磷矿床稀土元素地球化学及生物成矿基本特征[J]. 矿物岩石, 23(3): 35-38.

张杰, 张覃, 陈代良, 2004a. 贵州织金新华含稀土磷矿床稀土元素地球化学研究[J]. 地质与勘探, 40(1): 41-44.

张杰, 陈吉艳, 陈代良, 2004b. 贵州磷块岩主要物质成分特征探讨[J]. 中国非金属矿工业导刊, 43(5), 91-92.

张杰, 张覃, 陈吉艳, 2008. 贵州寒武系早期磷块岩稀土地球化学特征[M]. 北京: 冶金工业出版社.

张亚冠, 杜远生, 陈国勇, 等, 2019. 富磷矿三阶段动态成矿模式: 黔中开阳式高品位磷矿成矿机制[J]. 古地理学报, 21(2): 351-368.

郑文忠, 东野脉兴, 1994. 鄂西陡山沱组磷块岩矿层划分对比及成矿规律[J]. 矿物岩石, 14(3): 89-95.

郑子樵, 李红英, 2003. 稀土功能材料[M]. 北京: 化学工业出版社.

周明忠, 罗泰义, 李正祥, 等, 2008. 遵义牛蹄塘组底部凝灰岩锆石 SHRIMP U-Pb 年龄及地质意义[J]. 科学通报, 53(1): 104-110.

朱筱敏. 2008. 沉积岩石学[M]. 北京: 石油工业出版社.

Anouar O, László K, Fredj C, et al, 2008. Rare earth elements and stable isotope geochemistry ($\delta^{13}$C and $\delta^{18}$O) of phosphorite deposits in the Gafsa Basin, Tunisia[J]. Palaeogeography, Palaeoclimatologe, Palaeoecology, 268: 1-8.

Alberdi G M, Tocco R, 1999. Trace metals and organic geochemistry of the Machiques Member (Aptian-Albian) and La Luna Formation (Cenomanian-Campanian), Venezuela[J]. Chemical Geology, 160: 19-38.

Atlas E, Pytkowicz R M, 1977. Solubility behaviour of apatites in seawater[J]. Limnology and Oceanography, 22(2): 290-300.

Baioumy H, 2011. Rare earth elements and sulfur and strontium isotopes of upper Cretaceous phosphorites in Egypt[J]. Cretaceous Research, 32: 368-377.

Baturin G N, 1981. Phosphorites on the Sea Floor-origin, Composition and Distribution[M]. New York: Elservier Scientific Publishing Company.

Baturin G N, 1989. The origin of marine phosphorites[J]. International Geology Review, 31(4): 327-342.

Bech J, Suarez M, Reverter F, et al, 2010. Selenium and other trace element in phosphorites: a comparison between those of the Bayovar-Sechura and other provenances[J]. Journal of Geochemical Exploration, 107: 146-160.

Berndmeyer C, Birgel D, Brunner B, et al, 2012. The influence of bacterial activity on phosphorite formation in the Miocene Monterey Formation, California[J]. Palaeogeography, Palaeoclimatology, Palaeoecology, 317: 171-181.

Boning P, Brumsack H J, Bottcher M E, et al, 2004. Geochemistry of Peruvian nearsurface sediments[J]. Geochimica et Cosmochimica Acta. , 68: 4429-4451.

Boyle E A, 1988. Cadmium: chemical tracer of deep water paleoceanography[J]. Paleoceanography, 3: 471-489.

Brookfield M E, Hemmings D P, Straaten P V, 2009. Paleoenvironments and origin of the sedimentary phosphorites of the Napo Formation (Late Cretaceous, Oriente Basin, Ecuador)[J]. Journal of South American Earth Sciences, 28(4): 180-192.

Brumsack H J, 2006. The trace metal contet of recent organic carbonrich sediments: implication for cretaceous black shale formation[J]. Palaeogeogr Palaeocl Palaeev. , 232: 344-361.

Cardinal D, Savoye N, Trull T W, et al, 2005. Variations of carbon remineralisation in the Southern Ocean illustrated by the Ba-xs proxy[J]. Deep-Sea Research Part I —Oceanographic Research Pahaps, 52: 2193-2194.

Chen J Y, Yang R D, 2010. Analysis on REE geochemical characteristics of three types of REE-Rich soil in Guizhou Province, China[J]. Journal of Rare Earths, 28: 517-522.

Chen J Y, Yang R D, Wei H R, et al, 2013. Rare earth element geochemistry of Cambrian phosphorites from the Yangtze Region[J]. Journal of Rare Earths, 31 (1): 101-110.

Cook P J, Shergold J H, 1984. Phosphorus, phosphorites, and skeletal evolution at the precambrian-cambrian boundary[J]. Nature, 308: 231-236.

Coveney R, Glascock D G, 1989. A review of the origins of metal-rich pennsylvanian blck shales, Central U. S. A. , with an inferred role for basinal brines[J]. Applied Geochimistry, 4: 347-367.

Cui H, Xiao S, zhou C, et al,2016. Phosphogenesis associated with the Shuram Excursion: Petrographic and geochemical observations from the Ediacaran Doushantuo Formation of South China[J]. Sedimentary Geology,341 (1) ,134-146.

Da Silva E F, Mlayah A, Gomes C, 2010. Heavy elements in the phosphorite from Kalaat Khasba mine (North-western Tunisia): potential implications on the environment and human health[J]. Journal of Hazardous Materials, 182: 232-245.

Da L, Graham A, Zhou S, et al, 2011. Dissolution methods for strontium isotope stratigraphy: guidelines for the use of bulk carbonate and phosphorite rocks[J]. Chemical Geology, 290: 133-144.

Deb P J, Ruth E B, 2010. Tracing sources and cycling of phosphorus in Peru Margin sediments using oxygen isotopes in authigenic and detrital phosphates[J]. Geochimica et Cosmochimica Acta, 74: 3199-3212.

Emsbo P, Mclaughlin P I, Breit G N, et al, 2015. Rare earth elements in sedimentary phosphate deposits: solution to the global REE crisis? [J]. Gondwana Research, 27 (2): 776-785.

Fakhry A A, Eid K A. Mahdy A A, 1998. Distribution of REE in shales overlying the Abu Tartur phosphorite deposit, Western Desert, Egypt[J]. Journal of Alloys and Compounds, 277: 929-933.

Felitsyn S, Morad S, 2002. REE patterns in latest Neoproterozoic early Cambrian phosphate concretions and associated organic matter [J]. Chemical Geology, 187: 257- 265.

Föllmi K B, 1996. The phosphorus cycle, phosphogenesis and marine phosphate-rich deposits[J]. Earth Science Reviews, 40: 55-124.

Gabriel J N, Peir K P, Eric E H, 2010. Paleoceanographic constraints on precambrian phosphorite accumulation, Baraga Group, Michigan, USA[J]. Sedimentary Geology, 226: 9-21.

Gabriel M F, 2011. Phosphate rock formation and marine phosphorus geochemistry: the deep time perspective[J]. Chemosphere, 84: 759-66.

Gamal S A. 2010. Geochemistry and microprobe investigations of Abu Tartur REE-bearing phosphorite, Western Desert, Egypt[J]. Journal of African Earth Sciences, 57: 431-443.

Garnit H, Bouhlel S, Barca D, et al, 2012. Application of LA-ICP-MS to sedimentary phosphatic particles from Tunisian phosphorite deposits: insights from trace elements and REE into paleo-depositional environments[J]. Chemie der Erde, (1): 1-13.

Georgiana A M, Vladimiros G P, 2013. Recovery of rare earth elements adsorbed on clay minerals: II . Leaching with ammonium sulfate[J]. Hydrometallurgy, 131-132: 158-166.

Gnandi K, Heinz J, Tobschall H J, 2003. Distribution patterns of rare-earth elements and uranium in tertiary sedimentary phosphorites of Hahotoé-Kpogamé, Togo[J]. Journal of African Earth Sciences, 37: 1-10.

Gulbrandsen R A, 1966. Chemical composition of phosphorites of the phosphoria formation[J]. Geochimica et Cosmochimica Acta, 30(8): 769-778.

Hiroto K, Yoshio W, 2001. Oceanic anoxia at the Precambrian-Cambrian boundary[J]. Geology, 29(11): 995-998.

Ingall E D, Jahnke R, 1997. Influence of water-column anoxia on the elemental fractionation of carbon and phosphorus during sediment diagenesis[J]. Marine Geology, 139: 219-229.

Jones B J, Manning A C. 1994. Comparison of geochemical indices used for the interpretation of palaeoredox conditions in ancient mudstones[J]. Palaeo, 111: 111-129.

Jiang G Q, Shi X Y, Zhang S H, et al, 2011. Stratigraphy and paleogeography of the Ediacaran Doushantuo Formation(ca. 635-551 Ma) in South China[J]. Gondwana Research, 19: 831-849.

Javier álvaro J, Subías I, 2011. Interplay of phosphogenesis and hydrothermalism in the latest Ediacaran rift of the High Atlas, Morocco[J]. Journal of African Earth Sciences, 59: 51-60.

Jiang S Y, Zhao H X, Chen Y Q, 2007. Trace and rare earth element geochemistry of phosphate nodules from the lower Cambrian black shale sequence in the Mufu Mountain of Nanjing, Jiangsu province, China[J]. Chemical Geology, 244: 584-604.

Kaufman A J, Jacobsen S B, Knoll A H, 1993. The Vendian record of Sr and C isotopic variations seawater: implications for tectonics and paleoclimate[J]. Earth and Planetary Scien Letters, 120: 409-430.

Kaufman A J, Knoll A H, 1995. Neopreoterozoic variation in the C-isotopic composition of seaw stratigraphic and biogeochemical implication[J]. Precambrian Research, 73: 27-49.

Kon Y, Hoshino M, Sanematsu K, 2014. Geochemical characteristics of patitle in heavy REE rich deep-sea mud from Minami-Torishima Area, southeastern Japan[J]. Resource Geology, 64(1): 47-57.

Kissao G, Heinz J T, 2003. Distribution patterns of rare-earth elements and uranium in tertiary sedimentary phosphorites of Hahotoe-Kpogame, Togo[J]. Journal of African Earth Sciences, 37: 1-10.

Kurtz A C, Derry L A, Chadwick O A, 2001. Accretion of Asian dust to Hawaiian soils: isotopic, elemental, and mineral mass balances[J]. Geochimica et Cosmochimica Acta, 65: 1971-1983.

Li J Q, Jin H X, Chen Y, et al, 2007. Rare earth elements in Zhi Jing phosphorite and distribution in two-stag flotation process[J]. Journal of Rare Earths, 25: 85-96.

Mao J W, Lehmann B, Du A, et al, 2002. CRe-Os dating of polymetallic Ni-Mo-PGE-Au mineralization in lower Cambrian black shales of South China and ite geologic significance[J]. Economic Geology, 97: 1051-1061.

Mao T, Yang R D, Mao J R, et al, 2014. Research on carbon and oxygen isotopes in phosphorus-bearing rock series of the late neoproteroic-early Cambrian Taozichong formation in Qingzhen City, Guizhou Province, Southwest China[J]. Chinese Journal of Geochemistry, 33(4): 439-449.

Martinez-Ruiz F, Kastner M, Paytan A, et al, 2000. Geochemical evidence for enhanced productivity during S1sapropel deposition in the eastern Mediterranean[J]. Paleoceanography, 15: 200-209.

Mazumdar A, Banerjee D M, Schidlowski M, 1999. Rare-earth elements and Stable Isotope Geochemistry of early Cambrian chert-phosphorite assemblages from the Lower Tal Formation of the Krol Belt(Lesser Himalaya, India) [J]. Chemical Geology, 156: 275-297.

Mazumdar A, Banerjee D M, 2001. Regional variations in the carbon isotopic composition of phosphorite from the Early Cambrian Lower Tal Formation, Mussoorie Hills, India[J]. Chemical Geology, 175: 5-15.

Meert J G, Lieberman B S, 2008. The Neoproterozoic assembly of Gondwana and its relationship to the Ediacaran-Cambrian radiation[J]. Gondwana Research, 14: 5-21.

Mongenot T, Tribovillard N, Desprairies A, et al, 1996. Trace elements as palaeo-environmental markers in strongly mature hydrocarbon source rocks: the Cretaceous La Luna Formation of Venezuela[J]. Sedimentary Geology, 103: 23-27.

Morad S, Felitsyn S, 2001. Identification of primary Ce-anomaly signatures in fossil biogenic apatite: implication oceanic anoxia and phosphogenesis[J]. Sedimentary Geology, 143: 259-264

Nathan Y, Lucas J, 1976. Experiments on the direct precipitation of apatite in sea water: implication in the genesis of phosphorites[J]. Chemical Geology, 18(3): 181-186.

Neary C R Highly D E, 1984. Rare Earth Element Geochemistry[M]. Amsterdam: Elsevier.

Nameroff T J, Balistrieri L S, Murray J W, 2002. Suboxic trace mental geochemistry in the eastern tropical North Pacific[J]. Geochimica et Cosmochimica Acta. , 66: 1139-1158.

Nameroff T J, Calvert S E, Murray J W, 2004. Glacial-interglacial variability in the eastern tropical North Pacific oxygen minimum zone recorded by redorded by redox-sensitive trace metals[J]. Paleoceanography, 19: 1010-1029.

Ounis A, Kocsis L, Chaabani F, et al, 2008. Rare earth elements and stable isotope geochemistry($\delta^{13}$C and $\delta^{18}$O) of phosphorite deposits in the Gafsa Basin, Tunisia[J]. Palaeogeography, Palaeoclimatology, Palaeoecology, 268(3): 1-18.

Patricka D, Martin J E, Parris D C, et al, 2004. Paleoenvironmental interpretations of rare earth element signatures in mosasaurs(reptilia) from the upper Cretaceous Pierre Shale, central South Dakota, USA [J]. Palaeogeography, Palaeoclimatology, Palaeoecology, 212: 277- 294.

Rona P A, 1987. Criteria for recognition of hydrothermal mineral deposits in coean crust[J]. Economic Geology, 73(2): 135-160.

Scopelliti G, Bellanca A, Neri R N, 2010. Phosphogenesis in the bonarelli level from northwestern Sicily, Italy: petrographic evidence of microbial mediation and related REE behaviour[J]. Cretaceous Research, 31: 237-248.

Sen-Gupta B, Lea D, 2003. Trance Elements in Foraminiferal Calcite Modern Foraminifera[M]. Berlin: Springer Netherlands..

Shatrov V A, Voitsekhovskii G V, 2009. Reconstruction of phosphate formation environments(from data on distribution of lanthanides) [J]. Russian Geology and Geophysics, 50(4): 850-862.

Shields G, Kimura H, Yang J, et al, 2004. Sulphur isotopic evolution of Neoproterozoic-Cambrian seawater: new francolite-bound sulphate $\delta^{34}$S data and a critical appraisal of the existing record[J]. Chemical Geology, 204: 163-182.

Shields G, Stille P, 2001. Diagenetic constraints on the use of cerium anomalies as palaeoseawater redox proxies: an isotopic and REE study of Cambrian phosphorites[J]. Chemical Geology, 175: 29-48.

Steiner M, Li G X, Qian Y, 2004. Lower cambrian small shelly fossils of Northern Sichuan and Southern Shaanxi（China）, and their biost ratipraphic importance[J]. Geobios, 37: 259-275.

Tribovillard N, Algeo T J, Lyons T, et al, 2006. Trace metals as paleoredox and paleoproductivity proxies: an update[J]. Chemical Geology, 232: 12-32.

Tobias G, Benjamin B, Stefano M, et al, 2011. Phosphate oxygen isotopes: insights into sedimentary phosphorus cycling from the Benguela upwelling system[J]. Geochimica et Cosmochimica Acta, 75: 3741-3756.

Wang W F, Qin Y, Sang S X, 2008. Geochemistry of rare earth elements in a marine influenced coal and its organic solvent extracts from the Antaibao mining district, Shanxi, China[J]. International Journal of Coal Geology, 76: 309-317.

Xiao S H, Knoll A H, Yuan X L, 2004. Phosphatized multicellular algae in the neoproterozoic doushantuo formation, China, and the early evolution of florideophyte red algae[J]. American Journal of Botany, 91（2）: 214-227.

Xu L G, Bernd L M, Mao J W, 2013. Seawater contribution to polymetallic Ni-Mo-PGE-Au mineralization in Early Cambrian black shales of South China: evidence from Mo isotope, PGE, trace element, and REE geochemistry[J]. Hydrothermal nickel deposits: Secular variation and diversity, 52: 66-84

Yamamoto S, Hirata T, Li Y, 2008. Ca isotopic compositions of dolomite, phosphorite and the oldest animal embryo fossils from the Neoproterozoic in Weng' an, South China[J]. Gondwana Research, 14（4）: 209-218.

Yang R D, Qian Y, Zhang J, 2004. Sponge spicules in phosphorites of the early Cambrian Gezhongwu Formation, Zhijin, Guizhou[J]. Progress in Natural Science, 14（10）: 898-902.

Yang R D, Gao H, Wang Q, et al, 2005. REE enrichment in early cambrian gezhongwu formation phosphorous rork series in Sanjia, Zijin County, Guizhou Province, China[J]. Journal of Rare Earths, 23（6）: 760-768.

Yang R D, Wang W, Zhang X D, et al, 2008. A new type of rare elments deposit in weathering crust of Permian bastalt in western Guizhou, NW China[J]. Journal of Rare Earths, 26（5）: 753-760.

Zanin Yu N, Zamirailova A G, 2011. The history of the study of bacterial/cyanobacterial forms in phosphorites[J]. Russian Geology and Geophysics, 52: 1134-1139.

Zhang J, Shun C M, Yang G F, et al, 2006. Separation and enrichment of rare earth elements in Phosphorite in Xinhua, Zhijin, Guizhou[J]. Journal of Rare Earths, 24: 413-418.

Zhang J, Ni Y, Liang J T, 2010. Characteristics of mineralogical technology about medium-low grade bio-chip containing the rare earth dolomitic phosphorite in Xinhua, Zhijin, Guizhou[J]. Journal of Rare Earths, 28（4）: 525-527.

Zahra F, 2017. Distribution of rare earth elements（REEs）in the Kuh-e-Sefid phosphate ore deposit, Khuzestan province. https: //www. researchgate. net/publication/319667123.

# 图版 I（野外采样照片）

1.云南早寒武世梅树村早期磷块岩野外照片，为白云质条带状磷块岩(韩豫川等，2012)

2.云南早寒武世梅树村早期磷块岩野外照片，顶部为牛蹄塘组黑色页岩(韩豫川等，2012)

3.云南白龙潭磷矿剖面野外照片，灰色薄层状白云质磷块岩，上矿层出现波状、条带状构造

4.云南白龙潭磷矿剖面野外照片，灰色薄层状白云质磷块岩

5.贵州织金戈仲武剖面野外照片，顶部为牛蹄塘组黑色碳质页岩

6.贵州织金五指山剖面，底部为灯影组灰白色白云岩，顶部为灰黑色白云质磷块岩，接触界线清楚

7.贵州织金果化剖面野外照片（图片上部），
　厚层–块状磷块岩

8.贵州织金果化剖面野外照片，底部为灯影组
　白云岩，顶部为白云质磷块岩，接触界限清楚

9.贵州织金果化剖面野外照片，底部为灯影组
　白云岩，顶部为白云质磷块岩

10.贵州织金果化剖面野外照片，底部为灯影组白
　云岩，顶部为白云质磷块岩,磷块岩（见溶孔）

11.贵州织金果化剖面野外照片（图片中下部），
　薄–中厚层磷块岩

12.贵州织金果化剖面野外照片，顶部为牛蹄
　塘组黑色碳质页岩

13.清镇剖面野外照片，含磷层为纹层状磷质
　白云岩

14.清镇剖面采样点照片，底部灯影组灰白色
　白云岩

15.天柱采样点野外照片，磷质结核产在碳质
　页岩层

16.天柱采样点野外照片，磷结核呈球状

17.江西上饶采样点野外照片，磷质结核产在
　碳质页岩层，碳质页岩层厚度较大

18.江西上饶采样点野外照片，见硅质岩透镜体

19.江苏南京野外照片，磷质结核产在碳质页岩
　层

20.江苏南京野外照片，磷质结核呈球状

21.江苏南京寒武系底部含磷岩系野外照片

22.江苏南京野外照片，碳质页岩层厚度较大

# 图版 II（手标本）

1.贵州织金，致密块状磷块岩

2.贵州织金，白云质磷块岩，见大量溶孔

3.云南白龙潭，磷块岩呈条带状构造

4.云南白龙潭，硅质角砾状磷块岩

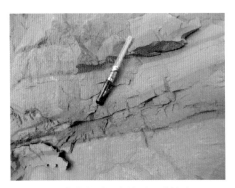

5.云南白龙潭，交错层理磷块岩

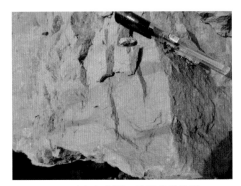

6.云南白龙潭，透镜状磷块岩

7.云南白龙潭磷矿，生物碎屑磷块岩呈条带状构造    8.云南白龙潭磷矿，风化磷块岩，见大量溶孔

9.江西上饶，磷结核呈球状结构          10.江西上饶，磷结构呈椭球状结构

11.江西上饶，磷结核呈球状结构         12.江西上饶，磷结核呈椭球状结构

13.江苏南京，磷结核呈球状结构         14.江苏南京，磷结核呈球状结构

# 图版Ⅲ（岩石薄片显微镜照片）

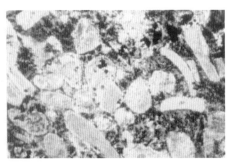

1.贵州织金磷矿石显微照片，生物碎屑经磨损呈圆-椭圆形、弯管形等，Dm-2，5×10，单偏光，透射光

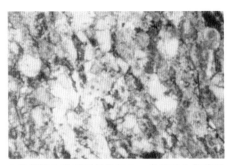

2.贵州织金磷矿石显微照片，条带状生物碎屑带呈定向排列，Dm-2，5×10，单偏光，透射光

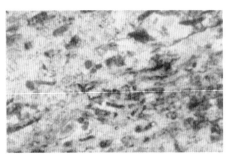

3.贵州织金磷矿石显微照片，生物碎屑呈定向排列，造成分带。XL-2-1，5×10，单偏光，透射光

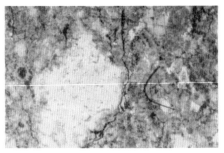

4.贵州织金磷矿石显微照片，条带状生物碎屑为主，Dm-1，5×10，单偏光，透射光

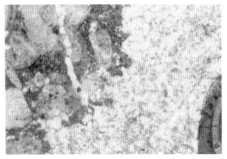

5.贵州织金磷矿石显微照片，见较多白云石及生物碎屑，XD-3，5×10，单偏光，透射光

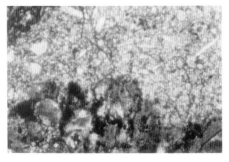

6.贵州织金磷矿石显微照片，深色面基底以胶磷矿为主，硅质少风，浅色面以白云石为主。Dm-2h，10×10，单偏光，透射光

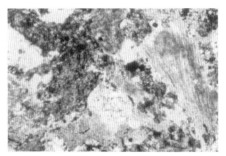

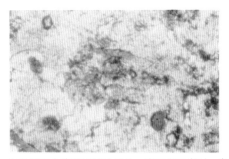

7.贵州织金磷矿石显微照片，胶磷矿呈蠕虫状、鲕状、XD-6，5×10，单偏光，透射光

8.贵州织金磷矿石显微照片，白云石呈自形、半自形排列，W-X，10×10，单偏光，透射光

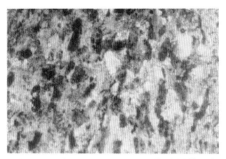

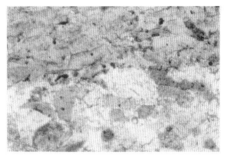

9.贵州织金磷矿石显微照片，生物碎屑带以海绵骨针为主，XL-6-9，5×10，单偏光，透射光

10.贵州织金磷矿石显微照片，生物碎屑呈定向排列，造成分带，W-X2，10×10，单偏光，透射光

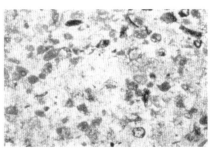

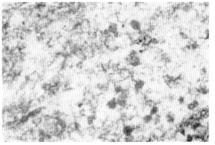

11.贵州织金磷矿石显微照片，生物碎屑以小壳化石为主，W-14，5×10，单偏光，透射光

12贵州织金磷矿石显微照片，见较多白云质和黏土矿物，W-X2，10×10，单偏光，透射光

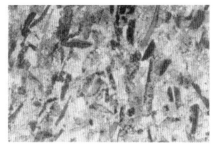

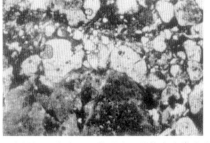

13.贵州织金磷矿石显微照片，见较多条带状生物碎屑，XL-6-13，5×10，单偏光，透射光

14贵州织金磷矿石显微照片，见较多胶磷矿及浑圆状的岩屑，Xj-1，5×10，单偏光，透射光